U0173421

中国数据中心冷却技术年度发展研究报告
2020

中国制冷学会数据中心冷却工作组　组织编写

中国建筑工业出版社

图书在版编目（CIP）数据

中国数据中心冷却技术年度发展研究报告. 2020 /
中国制冷学会数据中心冷却工作组组织编写. — 北京：
中国建筑工业出版社，2021.4
ISBN 978-7-112-26086-7

Ⅰ．①中… Ⅱ．①中… Ⅲ．①冷却-技术发展-研究
报告-中国-2020 Ⅳ．①TB6

中国版本图书馆 CIP 数据核字（2021）第 074178 号

责任编辑：张文胜
责任校对：党　蕾

中国数据中心冷却技术年度发展研究报告
2020
中国制冷学会数据中心冷却工作组　组织编写
*
中国建筑工业出版社出版、发行（北京海淀三里河路 9 号）
各地新华书店、建筑书店经销
北京鸿文瀚海文化传媒有限公司制版
廊坊市海涛印刷有限公司印刷
*
开本：787 毫米×1092 毫米　1/16　印张：11　字数：262 千字
2021 年 4 月第一版　　2021 年 4 月第一次印刷
定价：**50. 00** 元
ISBN 978-7-112-26086-7
（37581）

编 写 人 员

第 1 章　陈焕新
1.1　陈焕新　韩林志
1.2　陈焕新　韩林志
1.3　李正飞　程亨达
1.4　李正飞　曹子涵
1.5　李正飞　曹子涵

第 2 章　李 震　陈晓轩　何智光
2.1　李 震
2.2　陈晓轩
2.3　陈晓轩
2.4　何智光
2.5　李 震

第 3 章　张 泉　王加强
3.1　张 泉　李 杰　王加强
3.2　张 泉　邹思凯　凌 丽
3.3　张 泉　王加强　李 杰　杜 晟　马小威
3.4　张 泉　岳 畅　黄振霖
3.5　张 泉

第 4 章　谢晓云　黄 翔
4.1　黄 翔　金洋帆
4.2　谢晓云　黄 翔
4.3　谢晓云　赵 策
4.4　谢晓云　赵 策

第 5 章　李 震　何智光　习浩楠
5.1　李 震　吴松华
5.2　何智光
5.3　习浩楠
5.4　李 震
5.5　李 震

第 6 章　邵双全
6.1　邵双全　王　博　刘　闯　赵国君
6.2　邵双全　王　博　刘　闯　张晓宁
6.3　邵双全　牛燕义　吴松华
6.4　邵双全

第 7 章　郑竺凌
7.1　郑竺凌　黄　璜　张玉燕　赵润辰
7.2　孙海峰　黄　赟　任　群
7.3　张　琪　任　群　孙海峰

第 8 章　罗海亮　李红霞
8.1　周利军
8.2　戴新强　李翔
8.3　吴学渊　严政
8.4　罗海亮

前　言

　　近年来，我国在物联网、云计算、5G 移动通信、人工智能等领域的研究不断深入。数据中心是保证数据安全存储、有效流通不可或缺的角色。2019 年，更是作为"新基建"的一员首次被写入政府工作报告。

　　为了更好地把握我国数据中心冷却技术的发展现状与趋势，中国制冷学会数据中心冷却工作组连续四年出版了《中国数据中心冷却技术年度发展研究报告》（以下简称《研究报告》），备受业界关注，得到了同行的高度评价。我国数据中心的发展日新月异，为保证《研究报告》的时效性与准确性，工作组再次组织国内外相关专家、学者及企业编写《中国数据中心冷却技术年度发展研究报告 2020》，此版报告在保留前四版报告精华的基础上，对数据和内容进行了更新，通过更丰富、详实的具体实例，全面梳理了国内数据中心冷却的产业现状、发展趋势、技术热点、高效设备和相关政策等，以供产业界参考。

　　本书第 1 章梳理了全球范围内数据中心的发展现状，着重对我国数据中心的发展趋势和冷却系统概况进行了介绍，同时总结了我国数据中心存在的共性问题，并对未来数据中心的政策走向进行了研判。第 2 章介绍了数据中心采用大型水库下游的冷水作为冷源，利用其冷量后再将其排回下游，就可以较大限度地利用自然冷源。温度较高的回水排入下游后也可有效解决修建水库后导致排水温度下降的难题，有利于水生生物生长及鱼类繁殖，对生态大有裨益。第 3 章以东江湖数据中心为例，结合东江湖水文参数，介绍了数据中心冷却系统和冷却流程，进一步深入分析了数据中心全年运行能耗情况，明确了其对水环境的影响，并基于此探讨了东江湖地区建设大型数据中心的规划和可能的节能潜力。第 4 章介绍了蒸发冷却型冷源的相关技术，并通过工程实例，得出了在不同的室外环境状态下的最佳运行方式、最优运行参数以及对应的冷源能效。第 5 章聚焦于列间空调冷却技术、热管背板冷却技术和服务器级冷却技术等新型数据中心终端冷却技术，结合实际数据中心应用案例，分析了新型终端冷却技术的系统原理、适用范围及实际应用效果。第 6 章列举了一些高效数据中心冷却产品及具体应用情况。第 7 章选取 3 个典型数据中心案例，测试并分析了水冷微模块、风冷地板下送风、水冷冷通道地板下送风的运行效果，探明了提升数据中心冷却系统能效的关键点。第 8 章抓住节能性要求和建设等级差异这两个工程经济性的主要影响因素，通过对几个典型的中大型数据中心冷却系统投资构成的剖析，明确了节能性和建设等级（可靠性）对投资经济性的影响。

　　全书不仅总结了我国数据中心的发展现状，更融入了各位编者对现行技术的评价以及未来技术发展趋势和政策走向的判断。同时，在内容上注重理论分析与实例分析并举，是了解我国数据中心冷却技术发展状况和趋势的极具价值的参考资料。

　　本书的编写离不开中国制冷学会数据中心冷却工作组成员单位的大力支持和辛勤付出，在此表示衷心的感谢！

　　本书涉及的数据较多，实例繁杂，难免有疏漏之处，恳请读者批评指正！

目　录

第 1 章　数据中心及数据中心冷却概况

1.1　数据中心发展现状

数据中心（Data Center，DC）是一个建筑物或建筑群内的专用空间，用于容纳计算机系统和相关联的组件，例如电信和存储系统。DC 设备通常包括冗余或备用组件以及用于电源、数据通信、环境控制和各种安全设备的基础架构。从根本上讲，DC 是设备操作、存储、管理和发布数据的地方，是 IT（Internet Technology）设备运营的中心主机。DC 拥有最关键的网络系统，对相关服务器运行的连续性有极高的要求，因此，其可靠性和安全性十分重要。DC 起源于 20 世纪 90 年代中期，当时 DC 存在的意义只是对大型主机进行维护和管理。随着进入到信息化发展的新阶段，云计算、大数据、物联网、人工智能、5G 移动通信等信息技术快速发展，同时传统产业也在经历数字化的转型，数据量呈现几何级增长，因此 DC 流量和带宽也成指数增长，DC 的发展由普通服务器机房向大规模数据中心演进。近些年，全球对物联网、云计算的需求持续走高，同时，5G 在全球加速部署。在此背景下，对数据中心市场需求、发展趋势及相关影响进行分析，具有重要意义。

1.1.1　全球数据中心发展概述

随着信息技术的发展，物联网、云计算、大数据、人工智能、5G 及区块链技术近些年发展迅速，人与人之间的信息交流形式不再是以往的文字为主，图文、视频等多元化信息交流成为现状。此外，电子商务、视频、游戏等行业客户需求持续稳定增长。在此背景下，数据量在传输端、存储端呈现几何级增长。根据国际权威机构 Statista 的统计和预测，全球数据量在 2019 年约达到 41ZB，并持续保持稳定增长。预计到 2025 年，全球数据量将比 2016 年的 16.1ZB 增加十倍，达到 163ZB（见图 1.1-1）。

作为海量数据的载体，数据量爆发式增长促进 IDC 产业不断发展。智研咨询《2020～2026 年中国互联网数据中心（IDC）行业分析及发展策略咨询报告》显示，2009～2011年，由于数据中心基数较小，互联网产业开始飞速发展，数据中心市场增长迅速。2013～2019 年，全球数据中心市场整体呈稳定线性增长，并预计在未来几年内仍会保持高速增长趋势（见图 1.1-2）。

此外，全球数据中心的发展趋势为大型化、集约化，以往老旧的分散小型数据中心被淘汰，大型、超大型数据中心不断发展，使得全球数据中心整体数量呈下降趋势，而机架数呈上升趋势。据国际权威机构 Gartner 统计和预测，2020 年全球数据中心数量约为 42.2万个，而机架数上升到 498.5 万架（见图 1.1-3）。

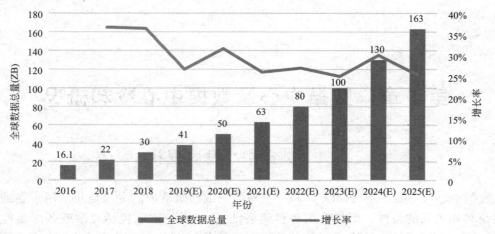

图 1.1-1　全球数据总量预测（2016～2025 年）

注：图中 E 表示预测值。

图 1.1-2　2009～2020 年全球数据中心市场规模及增速

注：图中 E 表示预测值。

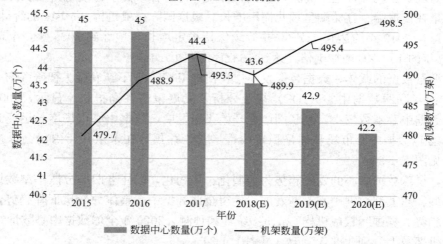

图 1.1-3　2015～2020 年全球数据中心和机架数量统计及预测

注：图中 E 表示预测值

中国产业信息网《2018 年全球数据中心建设行业发展趋势及市场规模预测》指出，在 2016 年，超大规模数据中心的数据运算能力占全部数据中心的 39%，数据存储量占全部数据中心的 49%，数据传输量占全部数据中心的 34%，服务器数量占全部数据中心的 21%。随着云计算的集中化趋势扩大，预计到 2020 年，超大规模数据中心将占到全部数据中心数据运算能力的 68%、数据存储量的 57%、数据传输量的 53% 和服务器数量的 47%（见图 1.1-4）。

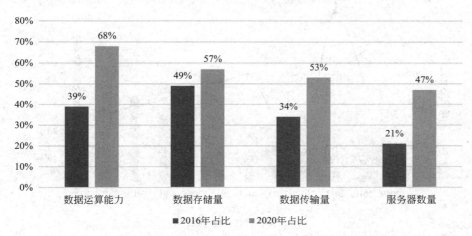

图 1.1-4　2016 年、2020 年超大规模数据中心规模对比

全球大型数据中心建设中，美国处于领先地位，EMEA（欧洲、中东和非洲）和亚太地区近些年发展最快。Synergy Research 的最新数据报告显示，相较于 2017 年全球超大规模数据中心 390 个，2019 年增长了 104 个，且在 2020 年上半年，全球超大规模数据中心达 541 个，并有 176 个在规划建设中。

Synergy Research 的最新数据显示，截至 2019 年第三季度末，超大规模提供商（Hyperscale Providers）运营的大型数据中心数量增加到 504 个，其中，美国占据主要云和互联网数据中心站点的近 40%，紧跟其后的是中国、日本、英国、德国和澳大利亚，它们合计占总数的 31%（见图 1.1-5）。相较于 2017 年美国占比 44%，中国占比 8%，日本和英国占比 6%，欧盟和亚洲国家的数据中心占比有不断提高的趋势。且根据数据中心市场和国家人口分析，未来中国数据中心仍将持续保持高增长模式，其在全球数据中心占比将不断提高。

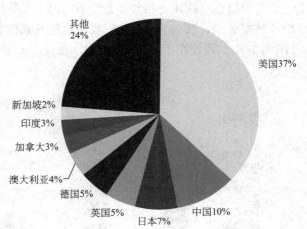

图 1.1-5　2019 年全球大型数据中心区域分布

1.1.2　我国数据中心市场发展现状

我国作为人口大国，互联网产业发达，IDC 市场广阔。根据科智咨询《2019～2020 年

中国 IDC 产业发展研究报告》，2009 年我国数据中心市场开始高速增长，2014～2019 年我国数据中心市场规模持续稳定发展，增长整体呈线性。2019 年年末，我国 IDC 业务市场规模达到 1562.5 亿元，同比增长 27.2％，相较 2018 年增速放缓 2.6 个百分点，市场规模绝对值相比 2018 年增长超过 300 亿元（见图 1.1-6）。

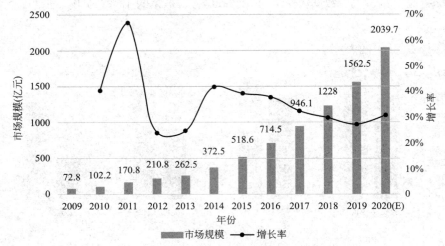

图 1.1-6　2009～2020 年我国 IDC 市场规模及增长率

注：图中 E 表示预测值

尽管我国数据中心发展较快，但相比于美国和日本，我国数据中心人均占有量仍处于较低水平，我国巨大的人口基础和市场基础将会促使我国数据中心产业持续高速增长。据中国产业信息网《2019 年中国 IDC 市场发展空间及 IDC 技术发展趋势分析预测》，我国 IDC 市场规模在全球比重持续增加，在 2019 年预计达到 30％左右。此外，工业和信息化部统计数据显示，2019 年 12 月底我国取得互联网数据中心业务许可的业务数达到 2153 家（见图 1.1-7）。预计在未来 10 年左右，我国 IDC 产业仍将保持稳定高速增长。

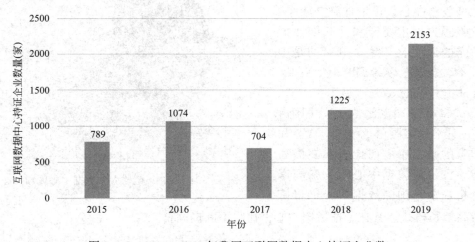

图 1.1-7　2015～2019 年我国互联网数据中心持证企业数

前瞻产业研究院《2020 年中国数据中心行业市场现状及发展趋势分析》指出，目前市场上主要有三类公司在参与数据中心的建设，分别是运营商、规模较大的互联网企业、专门从事细分领域的数据中心第三方提供商，如表 1.1-1 所示。此外，在中国，华为等大型通信企业也是数据中心建设的中坚力量。近两年，由于电力配套相关要求，一些电厂也参与到了数据中心建设。运营商单个 IDC 机柜数量一般在 200～1000 个，全球主要企业有 Verizon、DT 等，我国主要企业有中国电信集团有限公司（简称：中国电信）、中国移动通信集团有限公司（简称：中国移动）、中国联合网络通信集团有限公司（简称：中国联通）。互联网企业单个 IDC 机柜数量一般在 4000～10000 个，全球主要企业有 Amazon、MS 等，我国主要企业有阿里巴巴、腾讯、华为、字节跳动等。第三方 IDC 企业单个 IDC 机柜数量一般在 200～3000 个，全球主要企业有 Digital Realty 等，我国主要企业有光环新网、万国数据、网宿科技等。其中，我国 IDC 市场中，运营商由于具有较大的带宽资源，占据着约 65％的份额（见图 1.1-8）。由于运营商 IDC 大多为自用，与市场具体需求不完全匹配，专业性不足，无法满足服务高时效和客户定制化需求。因此，我国数据中心仍存在着较大的改进空间。

数据中心行业内三类企业对比　　　　　　　　　　　　　表 1.1-1

企业类型	单个 IDC 机柜数量（个）	全球主要企业	我国主要企业
运营商	200～1000	Verizon、DT 等	中国电信、中国移动、中国联通
互联网及大型通信企业	4000～10000	Amazon、MS 等	阿里巴巴、腾讯、华为、字节跳动
第三方 IDC 企业	200～3000	Digital Realty 等	光环新网、万国数据、网宿科技

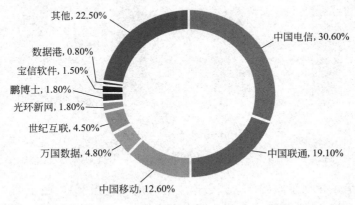

图 1.1-8　2019 年中国数据中心市场格局

1.1.3　我国数据中心数量、规模及态势分析

2013 年，工业和信息化部、国家发展改革委、国土资源部、电监会、能源局共同出台的"十二五"《关于数据中心建设布局的指导意见》（简称《意见》），将数据中心大小规模划分为超大型、大型、中小型三个类别，以推进数据中心产业合理发展和布局。《意

见》中按照标准机架数量和功率对数据中心规模的分类（此处以标准机架为换算单位，以功率为 2.5kW 为一个标准机架）如表 1.1-2 所示，《意见》将标准机架数量转化为标准机架功率作为判断数据中心规模的标准，总机架功率小于 7500kW 的数据中心为中小型数据中心，总机架功率为 7500～25000kW 的数据中心为大型数据中心，总机架功率大于或等于 25000kW 的数据中心为超大型数据中心。

按照标准机架数量和机架功率对数据中心规模的分类　　　　　表 1.1-2

类别/条件	超大型	大型	中小型
标准机架数量（架）	≥10000	3000～10000	<3000
总机架功率（kW）	≥25000	7500～25000	<7500

目前，标准化、集约化的超大型数据中心成为主流发展趋势。我国数据中心建设中，超大型数据中心数量不断增加。据前瞻产业研究院《2020 年中国数据中心行业市场现状及发展趋势分析》统计，2019 年我国数据中心数量大约有 7.4 万个，较 2012 年增加 2.3 万个。其中，已建成的超大型、大型数据中心数量占比达到 12.7%，若包含规划在建数据中心数量，超大型、大型数据中心数量占比达到 36.1%。

2019 年我国数据中心可用机架数量为 244 万架，较 2018 年增长 40 万架，机架数增长较为平稳（见图 1.1-9）。

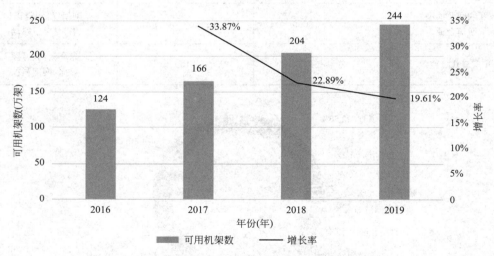

图 1.1-9　2016～2019 年我国数据中心可用机架数及增长率

根据工业和信息化部发布的《全国数据中心应用发展指引》，截至 2016 年，全国中小型数据中心机架数为 75.1 万架，大型数据中心机架数为 35.2 万架，超大型数据中心机架数为 14.1 万架；截至 2017 年，全国中小型数据中心机架数为 83.2 万架，大型数据中心机架数为 54.5 万架，超大型数据中心机架数为 28.3 万架（见图 1.1-10）。又根据中国信息通信研究院的统计数据，大型和超大型数据中心总机架数超过中小型数据中心机架数。

前瞻经济学人《2018 年中国数据中心发展现状分析》指出，截至 2017 年年底，我国超大型数据中心上架率为 34.4%，大型数据中心上架率 54.87%，与 2016 年相比均提高 5% 左右，全国数据中心总体平均上架率为 52.84%。另外《数据中心深度报告：IDC 投资

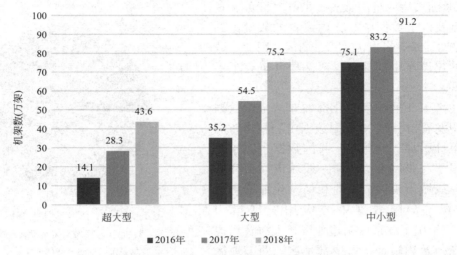

图 1.1-10　2016～2018 年我国三种规模数据中心的机架数

快速增长，坚定看好 2 个核心标的》一文中提到，截至 2016 年年底，我国超大型数据中心上架率为 29.01%，大型数据中心上架率为 50.16%，全国数据中心总体平均上架率为 50.69%。可以看到，超大型和大型数据中心的上架率与 2017 年相比分别相差 5.39% 和 4.71%，与相差 5% 左右这一说法基本吻合，认为这个数据是合理的。超大型数据中心的上架率比全国总体水平低 15%～20%，所以超大型数据中心的利用率还有很大的发展空间，不过超大型数据中心的上架率增长还是比较快的；而大型数据中心的上架率比全国总体水平要高一些，说明大型数据中心的利用率还是比较好的。

在地域分布上，除北京、上海、广州、深圳等一线城市以外，河南、浙江、江西、四川、天津等地区上架率提升到 60% 以上，西部地区多个省份上架率由 15% 提升到 30% 以上（根据《2018 年中国数据中心发展现状分析》）。由此看来，我国数据中心上架率仍可进一步提高，不过还是在往平衡的方向发展。

总的来说，我国数据中心规模的发展态势为：大型和超大型数据中心的增长占主要部分。我国数据中心往大规模方向发展，其中的原因是多方面的，主要包括信息产业的发展使得数据量飞速增长，还有云计算的集中化趋势扩大等原因，造成数据中心所需要的服务器数量快速增长，并且推动了数据中心的数据处理能力的增长，推动着数据中心网络不断向大带宽、低时延方向演进。可以预计，未来大型和超大型数据中心将在 IDC 数据、流量及处理能力方面发挥越来越重要的作用。

1.1.4　我国数据中心区域分布情况

数据中心区域分布主要受市场需求、政策和成本等因素影响。在我国，由于一线城市人口密集、互联网产业发达，其数据中心业务需求旺盛。《点亮绿色云端——中国数据中心能耗与可再生能源使用潜力研究》以各地区 GDP 数据及浙江省发布的数据中心数量并结合不同规模数据中心的占比，对中国各地区大型及以上、大型以下数据中心现状进行了估算。各省市大型及以上数据中心分布情况见图 1.1-11。可以看到，北京、上海和广东三个地区仍然是大型及以上数据中心主要分布的地区，其占比分别为 20.8%、12.8% 和

9.6%。紧随其后的是内蒙古、浙江、江苏、贵州，大型及以上数据中心在内蒙古的数量占到了全国的 8%，贵州也占到了 4.8%。因此，数据中心的建设在中部地区、西部地区也有了不错的发展。

2018 年，工业和信息化部发布《全国数据中心应用发展指引》，对我国数据中心整体布局提出政策性引导。近些年，我国数据中心布局不再局限于一线城市，而向一线城市周边和中西部非一线城市延伸。工业和信息化部信息通信发展司《全国数据中心应用发展指引（2018）》给出了北京及周边地区、上海及周边地区、广州及周边地区、中部地区、西部地区和东北地区这 6 个地区在 2016 年的在用机架

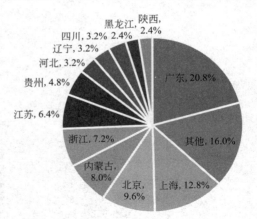

图 1.1-11　2018 年全国大规模
数据中心区域分布情况
数据来源：前瞻产业研究院。

数、2017 年的在用机架数、2018 年的可用机架数以及 2019 年的预测可用机架数，如表 1.1-3、图 1.1-12 所示。

数据中心区域划分　　　　　　　　　　　　　　　　　表 1.1-3

北京及周边地区	北京、天津、河北、内蒙古
上海及周边地区	上海、浙江、江苏
广深及周边地区	广东、深圳、福建
中部地区	安徽、湖北、湖南、河南、江西、山西
西部地区	广西、宁夏、新疆、青海、陕西、甘肃、四川、西藏、贵州、云南、重庆
东北地区	黑龙江、吉林、辽宁

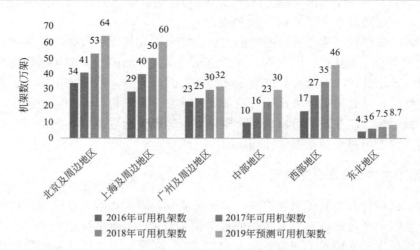

图 1.1-12　2016—2019 年中国主要地区数据中心能耗

从图 1.1-12 中可以看出，各地区的机架数都有所增长。其中，北京及周边地区、上海及周边地区继续保持较快的增长速度，西部地区由于一系列的优势，数据中心的发展趋

势也相当好。相比来说，广州及周边地区的数据中心发展似乎达到了饱和，增长较慢。中部地区数据中心发展也较快，大有超过广州及周边地区的趋势。

综合来讲，我国数据中心区域分布呈现四个特点：一线城市为市场需求核心、逐渐向一线城市周边延伸、中部地区的数据中心建设吸引力有所提高、西部地区占比提高。

（1）由于市场需求在数据中心前期建设中的主导作用，北京、上海、广州、深圳等一线城市成为数据中心建设的热点和中心地带。一线城市具有地方性的高密度互联网金融企业，对数据中心有大量需求，考虑到延迟性能，大部分数据中心选择在这些地方建立。我国幅员辽阔，气候条件方面，我国自北向南跨越亚寒带、中温带、暖温带、亚热带、热带，黑龙江冬天能达到零下 40℃，而重庆夏季温度超过 40℃，气候环境变换巨大。另外也有各种各样的自然灾害，比如四川地震频发，沿海一带台风肆虐，但数据中心都能在这些地区建设起来。这些数据中心推动了当地经济发展。而目前，我国数据中心的分布仍然严重不均。一个地区数据中心的数量依旧和该地区的经济发展程度成正相关的关系，主要体现在大型及以上数据中心上。我国的大型数据中心还是主要集中在北京、上海、广东。

（2）数据中心的布局逐渐向一线城市周边延伸。出现这一现象的原因是多方面的，其一是北京、上海、广东等地区相继出台了相关的禁限政策，其二是在一线城市周边，相对于市内，土地更为充足、租金更低、电价成本更低，同时又因为靠近一线城市，可以通过拉光纤专线来解决带宽问题。

（3）许多非一线城市的数据中心建设吸引力有所提高。这些地区的经济发展水平基本在全国经济发展水平的中等水平，在这些地区建设数据中心可以有效减轻北京、上海和广东这三个地区的数据中心建设压力。近年来，许多地方政府纷纷大力建设数据中心，为增强在当地建立数据中心的吸引力，出台了许多优惠的减税政策，希望通过数据中心带动当地经济。地方政府主要引入运营商和第三方数据中心服务提供商。例如，四川引入了中国联通和中国电信，建设了十几个大型数据中心，包括中国联通国家数据中心、中国电信四川成都第二枢纽中心、四川电信莲花枢纽中心、四川电信天府热线数据中心等；山东引入了中国联通，建设有山东青岛二枢纽数据中心、潍坊联通 IDC 数据中心、济南联通云数据中心、济南二枢纽数据中心等；浙江引入中国移动，建设有宁波移动 IDC、杭州移动三墩西湖科技园数据中心等。第三方数据中心服务提供商方面，包括武汉新软件数据中心、国际电联电信云计算数据中心（河南）、企业在线商务京东数据中心（河北）、浙江绿谷云数据中心等。这些第三方数据中心也可以向外提供机房和机柜租赁业务，对于运营商是一个有益补充。

（4）欠发达地区比如西北、西南地区等，数据中心市场也在逐步发展起来。近年来，在西部的一些地区，建立了几个超大型的数据中心。数据中心市场的发展可以有效改善当地信息发展水平。在欠发达的西部地区发展数据中心主要有以下几个促进因素：政策因素、电价和土地价格更便宜、具有可再生资源方面的优势。不过，西部地区数据中心的发展仍然存在一些问题。比如西部地区的科技发展相对滞后。一方面高科技产业不发达，另一方面相关的技术、管理人才也相对较少。另外，西部地区数据中心的发展还存在网络资源匮乏的问题。这严重限制了数据中心客户的进入。数据中心由大型存储服务器和通信设备组成，它用于企业在线存储海量数据，需要高速、可靠的内部和外部网络环境。而目前，西部地区所提供的网络环境仍然较差，宽带跟不上，网速较慢，网络稳定性较差。

1.2 我国数据中心发展趋势

2019 年互联网产业和通信服务行业继续保持高速发展，据《中国互联网发展报告 2020》统计，截至 2019 年年底，我国移动互联网网民规模已有 13.19 亿人。工业和信息化部快报数据显示，2019 年我国规模以上互联网和相关服务企业完成业务收入 12061 亿元，同比增长 21.4％。其中，互联网数据服务（含数据中心业务、云计算业务等）实现收入 116.2 亿元，同比增长 25.6％，增速高于互联网业务收入 4.2 个百分点；部署的服务器数量达 193.6 万台，同比增长 17.3％。此外，物联网、云计算、人工智能、区块链、大数据、5G 等产业的迅速发展使得 IT 设备使用量和服务器密度与日俱增，数据中心产业规模持续高速增长（见图 1.2-1）。区域发展方面，由于数据中心带来的供电压力、用地紧张等问题，过去几年，北京、上海、深圳相继出台了限制数据中心建设的政策。可以预见，在未来数据中心需求稳定增长的背景下，数据中心建设将呈现区域延伸和能效提升的特点。其中，区域延伸主要指数据中心建设将更多向一线城市周边及中西部等非一线城市扩展。而能效提升主要指未来高效节能的绿色数据中心成为数据中心发展建设的主要方向。

1.2.1 我国数据中心数量及规模持续稳定增长

在过去十多年中，由于通信技术的发展，电子商务、游戏、直播、短视频等行业发展迅速，数据量在存储端和传输端呈几何级增长。同时，移动互联网和大数据技术的发展和应用进一步促使 IDC 产业高速发展。在未来，由于物联网、5G、区块链等技术进一步发展应用，工业计算、AR/VR 等需求会成为数据中心建设新的驱动力。

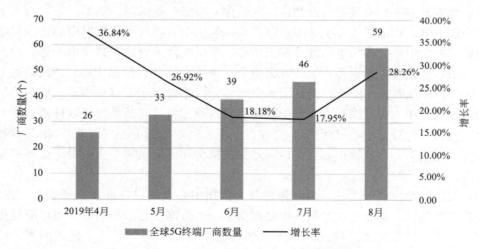

图 1.2-1　2019 年 4～8 月全球 5G 厂商数量及增长率

2019 年 6 月和 10 月，工业和信息化部分别向三大运营商和华为发行 5G 牌照和首个 5G 无线电通信设备进网许可证，5G 的大量部署将会促使对数据中心需求的进一步增加（见图 1.2-1）。5G 的规模增长将导致数据传输速度和数据量的激增，从而进一步促进数据中心的发展。

未来十年中，我国对"新基建"的持续推动，5G 的推广和 6G 的研发及应用，以及高速传输带来 VR/AR 等更多高新科技产业发展，可能会使人们的信息交流方式进一步发展，从而驱动数据中心的发展。此外，从全球端分析，与欧美、日本等发达国家和地区相比，我国的人均数据中心占有率偏低，未来还存在很大的发展及改进空间。从另一方面来说，由于能耗压力，数据中心的区域发展一定程度上受到约束。

在市场需求、政策与能耗压力的多重作用下，预计未来十年内，数据中心依然会保持稳定高速增长。其中，市场需求是主要驱动力，能耗压力是客观约束，政策是调控手段。为了缓解能耗压力，数据中心区域布局将向一线城市周边和中西部更多非一线城市转移，西部与北部地区自然条件良好的城市有潜力成为超大型数据中心的布局中心。同时，在数据中心相关研究方面，高能效的数据中心及散热机理将成为研究的热点。

根据工业和信息化部《全国数据中心应用发展指引》和中国产业信息网《2019 年中国 IDC 市场发展空间及 IDC 技术发展趋势分析预测》提到的 2009～2019 年我国数据中心市场规模，通过线性拟合，对未来五年的数据中心市场规模作出了预测（见图 1.2-2）。在未来，一方面，随着互联网与通信技术的发展，势必对数据中心有持续增长的需求。同时，我国大力发展新基建，进一步促进了数据中心普遍化发展，为数据中心发展提供了新动力。另一方面，由于数据中心高耗能问题，制定行业标准，优化建设布局，出台限制政策，提高数据中心能耗效率成为发展的主流趋势。根据过去十年间的数据中心市场规模变化趋势，考虑多重因素的作用，数据中心市场规模预计保持稳定高速增长，其增长率将稳定在 28% 左右。其中，大型、超大型数据中心为主依旧是目前发展的主流趋势。

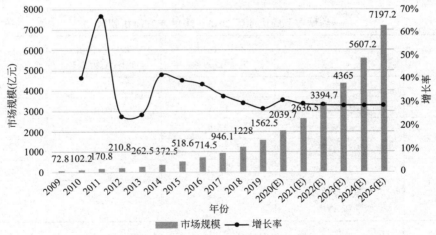

图 1.2-2 2020～2025 年我国数据中心市场预测

注：图中 E 为预测值

1.2.2 数据中心向一线城市周边和中西部城市转移

数据中心的建设主要受需求、成本和政策影响。由于金融机构、互联网企业主要集中在一线城市，对于数据中心访问时延、运维便捷以及安全性有较高要求，伴随数据量持续增加，这些地区对数据中心需求持续上升。21 世纪初，由于政策支持和需求导向主导，我国数据中心建设主要集中在北京、上海、广州、深圳等一线城市。近两年，考虑到一线城市土地、电力资源稀缺，加之政策监管趋严，数据中心的供给已经达到天花板，数据中心建设逐渐向一线城市周边和中西部非一线城市转移。

2013 年，工业和信息化部等 5 部委发布《关于数据中心建设布局的指导意见》，鼓励数据中心向自然条件优越的地区发展，以降低建设和运营成本。2018 年工业和信息化部发布《全国数据中心应用发展指引》，我国数据中心总体布局逐渐趋于完善，新建数据中心，尤其是大型、超大型数据中心逐渐向西北地区以及一线城市周围地区转移。纵观数据中心区域性发展，可以看出发达地区由于经济、人才、市场等优势，在数据中心建设中始终处于主导地位。为了降低数据中心区域性集中带来的用电压力，北京、上海和深圳等地相继出台了政策对此加以限制（见表 1.2-1），同时，欠发达地区出台地方政策促进本地数据中心建设。在未来，数据中心将可预见地向一线城市周边转移。

北京、上海、深圳数据中心建设限制政策 表 1.2-1

区域	时间	政策	主要内容
北京	2018 年 9 月	《北京市新增产业禁止和限制目录(2018)》	全市禁止新建和扩建互联网数据服务、信息处理和存储支持服务中的数据中心，PUE 值在 1.4 以下的云计算数据中心除外；中心城区全面禁止新建和扩建数据中心
上海	2019 年 1 月	《关于加强本市互联网数据中心统筹建设的指导意见》	到 2020 年，全市互联网数据中心新增机架数严格控制在 6 万架以内；坚持用能限额，新建互联网数据中心 PUE 值严格控制在 1.3 以下，改建互联网数据中心 PUE 值严格控制在 1.4 以下
深圳	2019 年 4 月	《关于数据中心节能审查有关事项的通知》	PUE 值在 1.4 以上的数据中心不享有能源消费的支持，PUE 值低于 1.25 的数据中心可享有能源消费量 40%以上的支持。

一线城市及周边地区 2018～2019 年在用机架数 表 1.2-2

地区		2018 年在用机架数(万架)	2019 年在用机架数(万架)	增长率(%)
北京及周边	北京	13.5	14.1	4.4
	河北、天津、内蒙古	21.7	41.3	90.3
上海及周边	上海	27.9	34.8	24.7
	浙江、江苏	32.8	37.9	15.5
广州、深圳及周边	广州、深圳	20.9	22.2	6.2
	广东其他地区、福建、海南	16.1	19.7	22.4

据赛迪顾问《简析全国数据中心布局情况》统计，与 2018 年相比，2019 年北京、广州、深圳在用机架增长率均在 7%以下，在能耗压力和政策限制下，未来一线城市数据中心增长预计会进一步减少。在需求端，由于互联网和通信技术进一步发展，电子商务、工业互联网、金融、5G、VR/AR 等应用持续发展，数据量仍将持续呈几何级增长，一线城市仍对数据中心有较高需求。在需求、能源和政策的多重作用下，一线城市周边地区将成为新的数据中心建设热点区域，目前，国内互联网企业如阿里巴巴、腾讯、今日头条、百度等对数据中心的布局渐向河北、内蒙古、江苏、浙江、福建等一线城市周边扩散。从表 1.2-2 可以看到，与 2018 年相比，2019 年北京、上海、广州、深圳周边地区在用机架

增长率分别为 90.3％、15.5％和 22.4％。预计在未来，这些城市仍有较大发展空间。一线城市中，上海较为特殊，由于上海周边互联网、金融等企业数量众多且电子信息产业发展迅猛、企业数字化转型需求较强等因素，加之南京、上海是国家网络骨干节点、网络基础雄厚，上海及周边江苏、浙江等地区 2019 年在用机柜增长率均保持在 15％以上的增长率。

除了一线城市周边之外，中西部非一线城市也成为数据中心布局的重点。中西部城市由于自身独特的地理环境，往往可以利用自然冷源，所建成的数据中心具有较低的 PUE 值。内蒙古、宁夏、贵州等区域自然气候独特，可再生能源丰富，地方政府充分利用当地资源与气候优势，支持数据中心产业发展，出台了一系列有利于数据中心发展的政策，如 2018 年 6 月贵州发布《贵州省数据中心绿色化专项行动方案》，科学规划和严格把关数据中心项目建设，加强产业政策引导，推动数据中心持续健康发展，使新建数据中心能效值（PUE/EEUE）低于 1.4。如 2018 年中旬，腾讯在贵州省贵安新区兴建的腾讯贵安七星数据中心开启试运行，该数据中心用地面积 776 亩，隧洞面积 3 万 m²，建设投资近 100 亿元，应用腾讯自主研发的 T-block 技术，实现快速拼装、节能绿色的目标。根据 2016 年 4 月 26 日中国信息通信研究院测量，T-block 最小 PUE ≈ 1.0955，比国内其他主流数据中心节能 30％。腾讯七星数据中心是一个特高等级绿色高效灾备数据中心。贵州有着得天独厚的自然条件，企业充分利用了贵州水利能源的优势，打造出高安全等级、绿色的数据中心。其他中西部城市中，河南、江西、浙江、四川、天津等地区上架率均提高到 60％以上。在西北区域，由于当地政府的支持，大力鼓励发展数据中心产业，开展大数据战略行动。电信、移动、联通三大运营商和华为、腾讯、阿里巴巴等很多有行业影响力的公司在新疆、陕西、宁夏等西北地区投资建设了一批数据中心。然而，在需求端，中西部城市大型互联网企业较少，数据中心上架率低、空置资源多成为建设面临的主要问题。

综上所述，数据中心的建设要充分考虑市场需求、能源、政策及成本相关因素。目前，我国数据中心布局已相对成熟。预计在未来，多区域协同发展将成为数据中心建设的主旋律。而在其中，一线城市周边如内蒙古、贵州、浙江、江苏等地由于市场需求较高，将成为短期数据中心建设的重点。此外，其他中西部城市如四川、河南、江西等地，在当地政策的鼓励下，数据中心也将保持增长趋势。在较为长久的未来，随着新基建不断发展，数据中心作为互联网基础设施，是改善民生的重点，其全国分布将更加均匀合理。与此同时，以发达地区为中心向外辐射也很有可能成为未来数据中心的最终布局特点之一。

1.2.3　数据中心能耗效率不断提高

数据中心能耗问题是全球数据中心发展及建设面临的重大挑战。数据中心的迅速发展和其数量规模的不断壮大也引起了巨大的能源消耗。图 1.2-3 显示了 2014～2025 年数据中心能耗变化及预测。根据工业和信息化部的数据，2014 年我国数据中心耗电量约为 829 亿 kWh，占全国总用电量的 1.5％；2015 年我国数据中心电力消耗达到 1000 亿 kWh，相当于三峡水电站的年发电总量；2016 年我国数据中心总耗电量超过 1108 亿 kWh，占全国总用电量的 2％左右，和农业的总耗电量相当；2017 年达到 1250 亿 kWh，这个数字超过了三峡大坝 2017 年全年发电量（976.05 亿 kWh）和葛洲坝电厂发电量（2017 年葛洲坝电厂发电量 190.5 亿 kWh）之和。

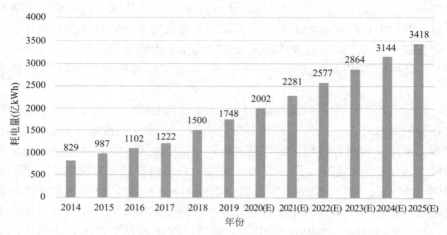

图 1.2-3　2014～2025 年全国数据中心耗电量及预测
注：图中 E 表示预测值。

随着互联网及通信技术的发展，未来对数据中心的需求将持续走高，如何提高数据中心的能效，尤其是制冷能效，成为研究的重点。目前，数据中心制冷能效比的提升主要从液冷和自然冷源两方面入手。从制冷方式来看，风冷将逐渐被安装灵活、效率更高的液冷方式所取代。据预测，2020 年单机架功率密度可达到 40kW，传统的风冷形式已经无法满足制冷的需求，服务器级的液冷技术无疑成为更好的选择。液冷技术无需冷机、送风末端等组件，而是利用液体把芯片组等器件在运行时所产生的热量带走，故其 PUE 值可达 1.09 以下，能大幅降低数据中心的整体能耗。同时，针对某些特定年均气温较低的地区，采用自然冷源是一种更加节能且经济的方式。西部及北部地区冬季气温低，存在着大量可利用自然冷源，将数据中心建设在这里，可以大幅度减少能耗，提升系统能效。所以，以液冷技术承担芯片产生的主要热负荷，非液冷技术承担剩余环境、人员等小部分热负荷的组合式制冷技术无疑是未来数据中心制冷系统的发展趋势。

根据《"十三五"国家信息化规划》，到 2018 年，新建大型云计算数据中心用能效率（PUE）值达到 1.5 以下，图 1.2-4 为全国数据中心 PUE 情况（数据来源于工业和信息化部信息通信发展司）。到 2020 年，信息通信网络全面应用节能减排技术，淘汰老旧的高能耗通信设备，实现高效节能的目标。新建大型、超大型数据中心 PUE 值不高于 1.4，从而实现单位电信业务总量能耗与 2015 年年底相比下降 10%，通信业能耗达到国际先进水平，全面推进电信基础设施建设绿色发展。截至 2017 年年底，随着上架率的提高，全国在用超大型数据中心平均运行 PUE 为 1.63；大型数据中心平均 PUE 为 1.54，最高水平达到 1.2 左右。同时，2017 年规划在建超大型数据中心平均设计 PUE 为 1.41，大型数据中心为 1.48，预计未来几年仍将进一步降低。

"绿色计算"已成为当下 IT 基础设施的建设潮流。早在 2012 年，中科曙光便在"多元技术融合""计算提效升级"等方面投入大量研发资源。如今，曙光已实现国内首个"冷板式液冷服务器""浸没式液冷服务器"的大规模应用项目落地，其采用的"相变液冷"技术的服务器产品，PUE 值可降到 1.05 以下，处于世界领先水平。国内数据中心不断创新绿色节能新应用，多个数据中心获得 TGG（绿色网格）与开放数据中心委员会联

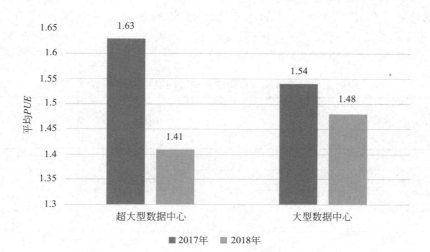

图 1.2-4　2017、2018 年全国数据中心 *PUE* 情况

合认证的 5A 级绿色数据中心。如 2018 年阿里巴巴张北云联数据中心采用阿里云自主研发的飞天操作系统，采用电能限制管理等方式，提高 IT 设备效率。制冷系统采用无架空地板弥散送风、热通道密闭吊顶回风、预制热通道密闭框架、自然冷源最大化利用等技术。供配电采用一路市电＋一路 240V 直流的供电方式，结合预制模块化、高效供电架构的设计减少了配电环节的能源消耗，提升能源效率。实现年均 *PUE*＝1.23。图 1.2-5 为阿里液冷服务器集群，*PUE* 可逼近理论极限值 1.0。

图 1.2-5　阿里液冷服务器集群

市场研究机构 IDC 在"中国首届绿色计算高峰论坛暨绿色计算应用成果发布会"上发布了《2019 中国企业绿色计算与可持续发展研究报告》，报告调查了 200 多家大型企业，其中超过 50％的企业已大规模部署并使用模块化数据中心、液体冷却等"绿色计算"技术。表 1.2-3 为受访企业数据中心的 *PUE* 值情况，可以发现，中国企业数据中心 *PUE* 值

有明显降低趋势。PUE 值大于 2.0 的企业从 2012 年的 34.6% 下降到 2019 年的 2%，而 PUE 值小于 1.5 的企业从 3.7% 上升到 12.9%。但依然有 85% 的受访企业数据中心的 PUE 在 1.5～2.0，未来仍有很大的提升空间。

中国企业能效管理调查受访企业数据中心的 PUE 情况 表 1.2-3

企业占比 年份 PUE	2012 年	2015 年	2019 年
<1.5	3.7%	8.1%	12.9%
1.5～1.8	23.4%	29.5%	39.1%
1.8～2.0	38.3%	37.2%	46%
>2.0	34.6%	25.2%	2%

1.3 我国数据中心冷却系统概况

1.3.1 数据中心冷却系统评价指标

数据中心冷却系统的能效问题越来越受到关注。建立高效的数据中心十分重要，而数据中心冷却系统是数据中心能耗重要的组成要素之一。目前，很多数据中心成功案例，通过采用自然冷却、地源热泵、芯片级系统等方法，合理配置数据中心冷却系统。然而，现行的数据中心冷却系统能效评价方法存在一些问题。

为了研究数据中心的能效问题，ASHRAE 和绿色网格组织提出了数据中心能效指标 PUE（Power Usage Effectiveness，用能效率）。PUE 指标以 IT 设备能耗和设备总能耗的关系为研究对象。PUE 计算通常应该以年度为单位，采用的全年数据中心设备总耗电量（$E\mathrm{cost_{DC}}$）及 IT 设备总耗电量（$E\mathrm{cost_{IT}}$）进行计算。数据中心 PUE 表达式如下：

$$PUE = \frac{E\mathrm{cost_{DC}}}{E\mathrm{cost_{IT}}} \qquad (1.3\text{-}1)$$

PUE 指标运用普遍，然而美国乃至整个国际对 PUE 的评价贬褒不一，ASHARE、绿色网格等不同组织对是否应该在标准中使用 PUE 指标持有不同意见。目前，业界公认 PUE 是一个片面的指标，有标准规范欠缺、受测量标准和测量方法影响大、被严重商业化、无法体现设备效率、能源生产率和环境绩效等诸多缺点。

为了应对 PUE 评价存在的问题，业内提出了使用数据中心冷却系统综合性能系数（$GCOP$）评价指标的方案。该方案的核心思路是以数据中心冷却系统为评价对象，以制冷设备提供的冷量与制冷系统输入功率之比衡量系统的能效。由于数据中心制冷系统提供的冷量难以测量，数据中心 $GCOP$ 实际以耗电量替代数据中心冷却系统的冷负荷，即只基于对数据中耗电量的统计结果进行计算。因此，只需要直接利用数据中心原有的电表设备（或简单改造），即可应用 $GCOP$ 评价标准评价数据中心冷却系统的能效。目前，已有部分数据中心响应新标准的推行，采用数据冷却系统 $GCOP$ 评价系统能效。然而，目前还未被所有数据中心统一使用，数据中心 $GCOP$ 评价仍不完善，合理定义数据中心

$GCOP$ 的方法仍可以进一步探索。

在一般空调系统 COP 能效评价指标的启发下，结合数据中心冷却系统的实际情况及数据中心冷却系统评价工程需要，本次报告中，数据中心 $GCOP$ 指标按如下公式计算：

$$GCOP = \frac{E\,cost_{DC} - E\,cost_{CS}}{E\,cost_{CS}} \tag{1.3-2}$$

式中　$GCOP$——数据中心冷却系统综合性能系数指标，用于评价数据中心冷却系统的能效；

　　　$E\,cost_{DC}$——数据中心总耗电量，其中不仅包括数据中心市电供电量，也包括数据中心配置的发电机的供电量；

　　　$E\,cost_{CS}$——制冷系统耗电量（非电能驱动制冷系统能耗需折合成耗电量），包括机房外制冷系统的耗电量，另外包括 UPS 供电的制冷风扇、关键泵以及设备机柜内风扇等制冷设备产生的耗电量。

为得到计算 $GCOP$ 的能耗数据，在典型的数据中心中需要配置测点的位置如图 1.3-1 所示。基于 $GCOP$ 指标的计算公式，目前提出的数据中心冷却系统综合 COP 指标要求数据中心应至少在以下位置安装设置电能计量仪表或选为测量点：

（1）测量数据中心总电能消耗（$E\,cost_{DC}$），测点位置如图 1.3-1 中的 B 点所示。

（2）测量数据中心 IT 设备总电能消耗（$E\,cost_{IT}$），测点位置如图 1.3-1 中的 C1 点所示。IT 设备电能消耗的测量应充分利用原设计中已有的配电设施和低压配电监测系统，结合现场实际合理设计计量系统所需要的计量仪表、计量表箱和数据采集器的数量及安放位置。

（3）测量冷却系统总电能消耗（$E\,cost_{CS}$），其组成包括供电系统直接供电的制冷系统（含制冷机组、冷却塔、水泵、风机等）的电能消耗（B3 点）、由 UPS 供电的空调末端（C2 点）和由 UPS 供电的水泵（C3 点）三个部分。

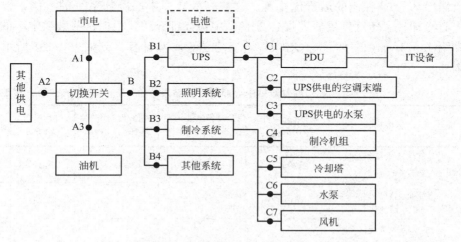

图 1.3-1　数据中心能耗监测点位置图

根据电表实测结果，计算系统全年 COP 的公式如下：

$$GCOP = \frac{E_B - (E_{B3} + E_{C2} + E_{C3})}{E_{B3} + E_{C2} + E_{C3}} \tag{1.3-3}$$

其中，E 代表各电表的读数结果，各种下标指示了对应电表的位置。

实际情况中，建议采用全年电能消耗数据计算全年的平均 $GCOP$，从而更好地体现一年内数据中心的总体运行状态，并使能效评价结果更具有说服力与可比较性。数据中心全年平均综合性能系统数的（$GCOP_A$）指标的计算如式（1.3-4）所示：

$$GCOP_A = \frac{E\mathrm{cost}_{DC,A} - E\mathrm{cost}_{CS,A}}{E\mathrm{cost}_{CS,A}} \tag{1.3-4}$$

式中　$E\mathrm{cost}_{DC,A}$——数据中心全年耗电量；

　　　$E\mathrm{cost}_{CS,A}$——冷却系统全年耗电量。

数据中心冷却系统的工作效率受 IT 设备总功率、室外温度等条件影响，因此系统能效可能随工况发生改变。因此，对特定工况（如 IT 设备功率最大）下数据中心冷却系统进行单独评价，可以更全面的评价数据中心冷却系统的能效。特定工况下数据中心冷却系统综合性能系数（$GCOP_S$）指标的计算如式（1.3-5）所示：

$$GCOP_S = \frac{E_{\mathrm{cost}DC,S} - E_{\mathrm{cost}CS,S}}{E_{\mathrm{cost}CS,S}} \tag{1.3-5}$$

式中　$E_{\mathrm{cost}DC,S}$——特定工况下数据中心耗电量；

　　　$E_{\mathrm{cost}CS,S}$——特定工况下冷却系统耗电量。

1.3.2　数据中心冷却系统能效现状的评价

为了初步评估第 1.3.1 节中采用的数据中心冷却系统综合 COP 计算标准的可行性，同时对国内数据中心能效进行分析，本节基于部分高效数据中心能耗实测数据，使用 $GCOP_A$ 进行了数据中心冷能效分析，并与 PUE 指标的评价效果进行了对比。

本节采用的数据中心数据来自内蒙古呼和浩特、广东深圳、河北廊坊等地的高效数据中心。这些数据中心分布在不同建筑气候区，使用了不同系统形式和运行策略，例如高效末端、自然冷却、AI 控制的运行优化等。这些高效数据中心冷却系统的实例，曾在《中国数据中心冷却技术年度发展研究报告 2019》中被详细介绍。根据这些数据中心的逐月能耗数据和第 1.3.1 节中的 PUE、$GCOP_A$ 计算方法，本节计算得到如表 1.3-1 所示的能效评价结果。

高效数据中心能效评价结果　　　　　　　　　　　　　　表 1.3-1

地点	系统形式	总电能消耗（万 kWh）	IT 设备电能消耗（万 kWh）	制冷设备电能消耗（万 kWh）	冷却系统 $GCOP_A$	数据中心 PUE
内蒙古呼和浩特	高压冷水机组＋高效末端＋自然冷却	11309.39	8321.62	1834.79	5.16	1.36
广东深圳	冷水主机＋独立湿度＋精细化管理	4240.02	3221.83	661.10	5.41	1.32
河北廊坊	冷水制冷系统＋自然冷却＋行级制冷空调＋icooling 能效优化	7233.48	5677.08	698.54	9.36	1.27

由表 1.3-1 可见，各不同实例中 $GCOP_A$ 评价结果有显著不同。在严寒地区、夏热冬冷地区和夏热冬暖地区的多个不同城市、不同系统形式的高效机房实例中，$GCOP_A$ 在

5.16～9.36 之间变化，PUE 在 1.27～1.36 之间变化。$GCOP_A$ 评价结果表明，气候、系统形式、运行调节方案等条件不同时，高效数据中心冷却系统间仍可能存在显著差异。

我国数据中心 PUE 实际大多大于 1.3，且许多数据中心 PUE 大于 2.0。因此，研究中如果包含不够高效的一般效数据中心冷却系统，则不同气候区和系统形式的冷却系统间 $GCOP$ 差异将比表 1.3-1 中计算的差异更大。为了验证这种情况，基于上海某普通效率的数据中心的 3 月能耗数据和湖南资兴某高效机房 10 月能耗数据进行了对比评价。结果表明，PUE 为 2.031 的上海一般机房的 $GCOP$ 为 1.73，而 PUE 为 1.182 的湖南高效机房的 $GCOP$ 为 9.41。该 $GCOP$ 评价结果显示，我国的数据中心冷却系统能效存在极大差异，而一般数据中心 $GCOP$ 能效水平仍明显较低，因而提升我国数据中心冷却系统的能效意义重大。

根据初步评价结果，目前我国数据中心冷却系统总体表现为寒冷地区、系统形式和节能方案先进的数据中心具有更好的能效评价结果。该结果说明我国数据中心冷却系统的现状中，冷却系统仍存在巨大的节能潜力，而研究不同气候区数据中心冷却系统能效，建立高效数据中心冷却系统是一种合理的提升系统能效的研究思路。

目前的评价结果表明，本次提出的 $GCOP$ 的变化范围比 PUE 更大，数值差异更加显著，$GCOP$ 指标评价结果与 PUE 指标显著不同，具有反映不同信息的参考意义。

值得指出的是，本次提出的 $GCOP$ 计算结果大于过去提出的公式（$GCOP = E\mathrm{cost_{IT}}/E\mathrm{cost_{CS}}$）。例如，河北某数据中心的 $GCOP$ 按原公式计算，结果为 8.12，深圳数据中心的 $GCOP$ 为 4.87，该评价结果的差值（3.25）小于现有公式的（3.95）。由于新的公式分子实际包括了冷却系统对数据中心 IT 设备以外的能耗产生的热量的处理，因此得到了更大的 $GCOP$ 评价结果。在数据中心其他能耗不可避免时，可以更准确地反映数据中心对负荷的处理能力。

根据评价结果，使用 $GCOP$ 评价数据中心冷却系统时，评价结果具有更好的区分度，有利于指导数据中心减少其他系统次要能耗的影响。

1.4　数据中心冷却共性问题

1.4.1　新建机房设备设计与运行负荷不均衡

设计建造新数据中心时，由于近些年计算能力需求和功率密度的增长使得许多数据中心在建设不到十年的时间便面临运行空间或电源功率不足的问题，因此投资者往往会采用超大规模设计来避免容量不足的问题。但数据中心的制冷系统需要全天候不间断运行，现代大型数据中心总冷量需求更是巨大，但同时也会降低能效。这就导致很多数据中心在投入使用的过程中，对资源需求的不准确定位，服务器配置与性能过度，从而导致数据中心能耗的增长与浪费。

数据中心的能源使用效率直接受到实际使用负荷所占设计负荷的比例的影响，通常数据中心负载利用率越低，其效率越低，而数据中心的负荷利用率受上架率影响。一般而言，数据中心建成投产初期上架率低，因此热负荷很低，因此不少数据中心运营初期都存在设备设计容量与运行负荷不平衡导致能效低的问题。从各地数据中心利用率看，北京、上海、广州、深圳等一线城市数据中心已经处于饱和状态，但西部地区很多数据中心上架率还在15％～30％之间，提升空间巨大。特别是近年来我国在贵州、内蒙古等自然冷资源丰富的地区建设的超大型数据中心，虽然其能耗优势明显，但受限于网络带宽和产业配套等因素限制，其实际利用率并不高。《全国数据中心发展指引 2018》显示，目前我国超大型数据中心上架率仅为34.4％，远低于行业平均水平。

此外，大多数数据中心确保设备的可靠性和保持正常运行时间，从未按照100％的设计负载能力运行。一般实际运行的载荷不超过设计额定值的80％～85％，（有些可能会达到90％）。这是相当必要的，但这也是可靠性与能效之间谨慎的妥协。

1.4.2 部分小型机房扩容导致室外机散热环境恶劣

为了降低成本，许多早期小型数据中心会在原有的机房空间内放入更多的运行设备，希望能避免新建机房和购买土地的花销，从而导致了早期建好的数据中心原有的散热能力无法满足强行加入新设备的散热需求。室外机之间无法留出足够的距离，可能导致后排冷凝器的进风口被前排冷凝器的出风口影响的情况（见图 1.4-1）。按照冷凝器水平出风的安装技术要求，出风口 4m 内应保持畅通，无遮挡物。引入了更多机柜等设备后，势必挤占原有制冷设备的空间。冷凝器、室外机等设备很可能被迫安置在狭小的空间或面墙处，导致冷凝器进风量不足。墙面、防护栏、前排机器等阻挡会使出风阻力变大、风量减小，这样翅片上的热量就无法被迅速带走，极大地影响散热效果。

图 1.4-1 室外机安装实景

室外机的换热效率直接影响空调制冷效率。过高的室外机进风温度将导致出风温度上升，空调频繁出现高压保护，严重影响设备的稳定运行，大大影响数据中心制冷系统制冷效果。这种影响在夏季高温天气尤为严重。

1.4.3 大型机房选址问题

随着数据中心的发展和节能的需要，充分考虑资源环境条件，我国积极引导大型数据中心优先在能源相对富集、气候条件良好、自然灾害较少的地区建设，推进"绿色数据中心"建设。我国各大数字经济企业都将数据中心业务逐步往西部省份迁移。如阿里数据中心全国布局分"三步走"，第一步是布局一线城市；第二步是布局一线城市周边 200～300km 辐射圈；第三步是布局西部地区。中国电信在宁夏中卫、内蒙古、贵州等西部地区均已建设数据中心，并提前部署骨干节点。目前，除在线游戏、电商交易、在线支付等对网络时延要求极高的应用之外，大量从事数据存储、离线数据分析等业务的数字经济企业均可通过购买西部地区数据中心云服务来有效降低运营成本。

尽管数据中心西进的趋势已经形成，但是目前来看数据中心的建设选址依然倾向于东部大城市周围。这是由于大城市周围的配套设施占据优势，西部城市电网配套滞后现象明显。出于降低成本、节约能耗的考虑将数据中心建设在西部城市，电网企业在配套建设电站及电网时，成本往往很大，建设积极性不高。而大城市服务体系健全，一个数据中心可能需要数十人左右的技术团队来运营，同时也需要数百名技术工人（包括电工、管道工和水暖工）来建造和维护设施，西部城市的人才储备往往不足。另外，东部城市的数据体量、吞吐和消纳能力都是西部地区无法比拟的。以上因素共同导致现阶段数据中心选址仍然更倾向于东部大城市周围。

1.4.4　数据中心空调运行状态设定问题

大型数据中心为了达到节能的需要，在冬季和夏季采用不同的运行模式实现节能。在冬季及过渡季节，当外界湿球温度小于 4℃时，采用自然冷却运行模式，即冷水机组停止运行，经冷却塔散热后的冷却水和从精密空调来的冷水在板式换热器内进行热交换，将机房内的热量带走，此时冷却塔起到冷水机组的作用。在此过程中仅冷却塔的风扇、水泵及精密空调等设备在耗电，而冷水机组完全没有耗电。在夏季及过渡季节，当外界湿球温度高于 4℃时，自然冷却运行模式已无法满足数据中心冷却需求，此时冷水机组开始制冷，按照传统的空调压缩机制冷模式运行。国际上有越来越多的数据中心设计和管理人员在讨论现有的数据中心运行温度是否太低，认为应将温度设置到 81℉（27.2℃），甚至是 95℉（35℃）。据了解，国外某些机房照此温度运行，效果十分理想。据有关报道，设定温度上升 1℃，能节省 5%～10%的冷却电耗。

我国现行的数据中心标准对温度设定过低，不利于机房节能。提高数据中心温度所带来的最大益处是可以延长自然冷却的使用时间，提高精密空调送风温度和提高冷水出水温度。但是，由于不同位置进入服务器的空气温度不一致，若提高供水温度，会导致个别温度较高设备无法获得足够的冷量，机房内部出现局部热点温度过高。如何进一步改善温度均匀性，尤其是避免各种不同温度的气流之间的冷热掺混现象，是解决这一问题的关键。相关研究人员针对气流组织形式并结合工程实际，总结出了一些处理局部热点问题的实际经验，可以在提高水温的同时消除局部热点，保证制冷效果：

（1）通过适当减少地板通孔率，以提高静压箱压力，使其维持在 400mm 以上，使地板出口阻力成为系统的主要阻力，从而使室内气流分布均匀；

（2）合理调节穿孔地板的数量及通孔率，控制地板出风速度，以避免某些区域冷量过大而某些区域冷量偏小的情况；

（3）机柜宜采用"面对面，背对背"布置形式形成冷热通道，并采用盲板封闭机架上的空置区域，防止冷风和热风混合。

总而言之，数据中心冷却的节能可以归纳为两条主要途径：通过发展各种新型的末端方式，消除冷热掺混现象，从而进一步提高冷源温度；在高水温条件下，尽可能利用自然冷源，采用小压比高效冷机，降低冷源电耗。

1.5 数据中心相关政策走向

1.5.1 国家及地方政策部分有关内容

从 2018 年开始，我国多次通过会议和文件的形式强调要加强新型基础设施建设。新基建所涉及的领域可归为两大类：一类是对传统交通能源等设备进行升级改造；另一类是积极实施服务于 5G 网络、工业互联网、人工智能、大数据等数字化领域的新型基础设施的建设。随着"新基建"的推进，相关设备及服务需求增加，数据中心作为底层基础设施有望持续增长，数据中心建设及扩容的步伐也会相应加快。表 1.5-1 梳理了 2018 年以来国家层面提出的针对数据中心发展规划的部分文件及主要内容。

自 2018 年以来国家层面提出的针对数据中心发展规划的部分文件及主要内容   表 1.5-1

时间	会议/文件	主要内容
2018 年 3 月	《关于推动资本市场服务网络强国建设的指导意见》	充分发挥资本市场在资源配置中的重要作用,建立完善部门间工作协调机制,规范和促进网信企业创新发展,推进网络强国、数字中国建设
2018 年 7 月	《推动企业上云实施指南(2018-2020 年)》	工业和信息化部统筹协调企业上云工作,各地工业和信息化主管部门要结合本地实际,以强化云计算平台服务和运营能力为基础,以加快推动重点行业领域企业上云为着力点,以完善支撑配套服务为保障,有序推进企业上云进程
2018 年 12 月	2018 年中央经济工作会议	明确加强人工智能、工业互联网、物联网等新型基础设施建设
2019 年 3 月	十三届全国人民代表大会第二次全体会议	2019 年政府工作报告明确要"加强新一代信息基础设施建设"
2019 年 12 月	《长江三角洲区域一体化发展规划纲要》	推动数字化、信息化与制造业、服务业融合,发挥电商平台、大数据核心技术和长三角制造网络等优势,打通行业间数据壁垒,率先建立区域性工业互联网平台和区域产业升级服务平台
2020 年 1 月	国务院常务会议	大力发展先进制造业,出台信息网络等新型基础设施投资支持政策,推进智能、绿色制造
2020 年 2 月	中央全面深化改革委员会第十二次会议	统筹存量和增量、传统和新型基础设施发展,打造集约高效、经济适用、智能绿色、安全可靠的现代化基础设施体系
2020 年 3 月	中共中央政治局常务委员会会议	要加快 5G 网络、数据中心等新型基础设施建设进度
2020 年 3 月	国家发展改革委新闻发布会	首次明确定义了新基建的范围,将数据中心划入信息基础设施范畴

1.5.2 多项措施共助"新基建"背景下的数据中心建设

随着社会信息化、数据化的进程不断加快，数据中心作为实现信息化的重要基础设施也驶入了发展的快车道。我国也大力推进数据中心的布局建设，从标准制订、规划发展以及鼓励扶持等方面都出台了相关政策。《关于 2019 年国民经济和社会发展计划执行情况与2020 年国民经济和社会发展计划草案的报告》指出，国家发展改革委将在 2020 年制定加快新型基础设施建设和发展的意见，并实施全国一体化大数据中心建设重大工程，将在全国布局 10 个左右区域级数据中心集群和智能计算中心。国家发展改革委明确，2020 年将出台推动新型基础设施建设的相关政策文件，推进 5G、物联网、车联网、工业互联网、人工智能、一体化大数据中心等新型基础设施投资。释放消费潜力，加速 5G 网络建设和场景应用，完善新型基础设施布局，推动超高清视频、虚拟现实等新兴消费。着力培育壮大新动能，深入实施国家大数据战略、"互联网＋"行动，推动新型智慧城市建设，推进5G 深度应用。实施扩大内需战略方面，释放消费潜力，加速 5G 网络建设和场景应用，完善新型基础设施布局；积极扩大关于数据中心的有效投资，推进 5G、物联网、车联网、工业互联网、人工智能、一体化大数据中心等新型基础设施投资。

支持数字经济发展具体举措如表 1.5-2 所示。

支持数字经济发展举措　　　　　　　　　　　　　　表 1.5-2

建立健全政策体系	编制《数字经济创新引领发展规划》。研究构建数字经济协同治理政策体系
实体经济数字化融合	加快传统产业数字化转型，布局一批国家数字化转型促进中心，鼓励发展数字化转型共性支撑平台和行业"数据大脑"，推进前沿信息技术集成创新和融合应用
持续壮大数字产业	以数字核心技术突破为出发点，推进自主创新产品应用。鼓励平台经济、共享经济、"互联网＋"等新模式新业态发展
促进数据要素流通	实施数据要素市场培育行动，探索数据流通规则，深入推进政务数据共享开放，开展公共数据资源开发利用试点，建立政府和社会互动的大数据采集形成和共享融通机制
推进数字政府建设	深化政务信息系统集约建设和整合共享。深入推进全国一体化政务服务平台和国家数据共享交换平台建设
持续深化国际合作	深化数字丝绸之路、"丝路电商"建设合作，在智慧城市、电子商务、数据跨境等方面推动国际对话和务实合作
统筹推进试点示范	推进国家数字经济创新发展试验区建设。组织开展国家大数据综合试验区成效评估，加强经验复制推广
发展新型基础设施	制定加快新型基础设施建设和发展的意见，实施全国一体化大数据中心建设重大工程，布局 10 个左右区域级数据中心集群和智能计算中心。推进身份认证和电子证照、电子发票等应用基础设施建设

1.5.3 "新基建"背景下数据中心建设的新要求

在可预见的未来，数据中心的发展会得到充分的政策支持，同时也会面临更严格的要求和标准。节能、环保、绿色逐渐成为"新基建"背景下数据中心建设的主要考量。按照工业和信息化部、国家机关事务管理局、国家能源局三部门联合下发的《国家绿色数据中心试点工作方案》要求，数据中心在建设之初就应当结构设计合理，降低能耗，提高能源利用效率。新建的数据中心不能再走随意建设、随意扩容的路子，应充分考虑数据中心的数据处理需求，避免后期随意扩容造成的数据处理能力不足、能耗增加、效率降低等情况。

各地也对新建的数据中心提出了更严格的要求。《北京市数据中心能效限额标准》要求新建的数据中心 PUE 值低于 1.3，原有的 PUE 值高于 1.4 的数据中心要进行节能改造。上海市发布的《上海市推进新一代信息基础设施建设助力提升城市能级和核心竞争力三年行动计划（2018-2020 年）》要求新增数据中心机架数小于等于 6 万架，新增数据中心 PUE 小于等于 1.3，建设 E 级高性能计算中心，推进数据中心布局和加速器体系建设。深圳市印发的《关于数据中心节能审查事项的通知》要求建立完善的能源管理体系，实施减量替代，强化技术引导；强化节能技术创新支撑作用，鼓励数据中心建设单位在"以高代低、以大代小、以新代旧"等减量替代方式的基础上，采用绿色先进技术提升数据中心能效。广州市发展和改革委员会印发的《广州市加快推进数字新基建发展三年行动计划 2020-2022 年》要求制定广州市数据中心建设发展指导意见、建设导则及绿色数据中心评价标准，坚持数据中心以市场投入为主，支持多元主体参与建设，统筹土地、电力、网络、能耗指标等资源，合理布局建设各类数据中心，优化数据中心存量资源。加快发展信息技术应用创新，以通用软硬件适配测试中心（广州）为纽带，支持建设具有自主核心创新能力的绿色数据中心。优先支持设计能源利用效率（PUE 值）小于 1.3 的数据中心，重点发展低时延、高附加值、产业链带动作用明显的第一、二、三类业务数据中心。推动中国电信粤港澳大湾区 5G 云计算中心建设，积极配合广东省改造扩容广州至各数据中心集聚区的直达通信链路建设。

综合来看，在新建数据中心时要遵循以下基本原则：

（1）提升能效，降低排放。严格遵守新建数据中心 PUE 值的规定，要努力提升能源效率，提高可再生能源在数据中心能源消耗中所占的比重，利用分布式太阳能和风能作为数据中心辅助设备的能量来源，切实降低碳排放和水资源消耗。努力提高现有数据中心设备利用率，充分挖掘设备的节能潜力。对废气设备要加强回收处理环节的监管，并建立长效监督机制，避免有毒有害物质的二次污染，全面建设绿色、低碳、环保的新型数据中心。在新建数据中心的过程中，原料采购、建筑设计、施工建造的全过程都应当努力实现绿色节能，全面实现绿色增量。

（2）因地制宜开展指导。数据中心有相通之处，但针对不同地区、不同用途、不同规模的数据中心应建立起差异化、个性化的运行和维护指导方针，使数据中心的运行充分符合当地的需要，避免由于资源需求的不准确定位，导致服务器配置与性能过度，从而导致数据中心能耗的增长与浪费。

同时要努力做好数据互联互通工作，打破数据壁垒，确保数据资源和运算能力能得到充分利用。

（3）技术与管理并行。现代化数据中心运行和维护体系的建立离不开先进适用产品的研发与应用。要充分利用技术方法解决数据中心的运行和维护过程中的技术问题和能耗问题，切实提升数据中心的运行水平和管理水平。

1.5.4 "新基建"背景下数据中心的政策走向预判

消费、投资和出口一向是拉动我国经济快速发展的"三驾马车"。2020 年新冠肺炎疫情抑制了居民的消费需求致使消费水平下滑，也抑制了外国市场的需求，导致出口贸易疲软。为了确保实现全面建成小康社会的宏伟目标，为了打赢脱贫攻坚战，为了夺取"十三五"规划的收官之战全面胜利，党中央和地方各界同心协力，推进重大项目落实完成、稳定我国经济增长。在此大环境下，投资将成为经济发展的主要驱动力。基础设施投资是我国固定资产投资的主要来源之一，但传统基础设施建设所采用的大水漫灌式的投资方式也引发了我国传统行业产能过剩、经济结构不平衡等一系列结构性问题。如今新基建的建设需要摈弃无重点、一窝蜂式的投资方式，做到精准高效、有的放矢。

2015 年 11 月，中央提出供给侧结构性改革，旨在优化产业结构、提高产业质量，此后一系列产业升级、科技创新的政策出台。5G 网络、工业互联网、人工智能和大数据中心等新型基础设施建设具有周期长、规模大的投资特点，将在促内需和稳投资中发挥重要作用。另外，新型基础设施建设所涵盖的新兴技术，将带动国民经济各行业的生产基础设施迈向数字化、网络化、智能化，使科技成为我国经济增长的新动能。大力推行新基建作为稳定投资的一项关键举措，在保增长的同时还将推动我国经济转型升级，其重要地位日益凸显。

为了使数据中心符合"新基建"的要求，国家在出台各项优惠措施助力数据中心建设的同时，也要求各地区因地制宜，例如，有大量的数据处理需求，又或者依托当地充足的能源（或者气候较冷可以实现低 PUE），实现数据中心的高上架率和高回报率。另外，我国东南部沿海发达地区有大量数据运算存储的需要，但是气候较为炎热，且能源相对不足；与之对应的西北部地区可再生资源丰富，却无大量数据处理的需要。实现云随电走、东数西算，需要打破数据壁垒，统一规划，政策引导，让西部数据中心承担东部地区的数据处理需要。

1.5.5　数据中心投资前景分析

随着有关"新基建"相关政策的陆续出台，对新建数据中心的 PUE 限制也越来越严格，希望促进数据中心的高质量发展，不能一窝蜂上马数量众多的数据中心项目，而忽略了数据中心的质量。这给数据中心的投资前景带来少许不确定性。就全国来看，虽然各地都在大谈"新基建"，强调数据中心广阔的前景，但实际的投资和建设都相对谨慎。通过研究分析数据中心建设地区发展优势评价系数、年平均温度、年降水量、空气质量指数、地震带、信息传输企业固定资产、网民数、发电量、全社会用电量、互联网普及率等标准，并且经过建模、分数量化评价可知，内蒙古自治区和贵州省为超大型或大型数据中心选址的优选地区。其中贵州更是依托其得天独厚的气候优势，以及迫切的发展需要，正如火如荼地建设数据中心。

虽然前景向好，但是短期内数据中心仍存在一些技术上的难题，盈利能力也尚不明确，所以总体而言大部分地区对数据中心项目的投资和建设都相对谨慎。只有攻克了数据中心设计选址和管理运维方面的难题，明确了不同地区数据中心的盈利能力，相关适宜地区数据中心的数量才会迎来大规模增长。而不适合建设数据中心的地区（如自然冷源不足，或是数据处理需求不大）则应该避免盲目上马新建数据中心项目。

本 章 参 考 文 献

[1]　赛迪智库政策法规研究所，产业政策研究所."新基建"政策白皮书（上）[N].中国计算机报，2020-09-07（008）.
[2]　智研咨询.2020-2026 年中国互联网数据中心（IDC）行业分析及发展策略咨询报告 [R]，2020.

第 2 章　利用水库下游水作为冷却冷源的数据中心

数据中心是信息技术时代重要的基础设施，其需求量与经济发展程度直接相关，经济发达地区对数据中心的需求量明显高于其他地区。然而数据中心的高能耗又限制了其在经济发达地区的布局，若能找到合适的冷源降低数据中心冷却系统的能耗，可有效解决这一问题。

2020 年国家发展改革委印发了《关于加快构建全国一体化大数据中心协同创新体系的指导意见》，指出到 2025 年，全国范围内数据中心形成布局合理、绿色集约的基础设施一体化格局，统筹围绕国家重大区域发展战略，根据能源结构、产业布局、市场发展、气候环境等，在京津冀、长三角、粤港澳大湾区、成渝等重点区域，以及部分能源丰富、气候适宜的地区布局大数据中心国家枢纽节点。从地区分布来看，长三角、粤港澳大湾区和成渝等区域是多江交汇或大江大河入海口的位置，这些区域附近往往建有大型水库，这些水库向下游的排水一般常年处于较低温度。若以大型水库的排水作为数据中心的冷源，在其附近建立大数据中心是一种解决经济发达地区数据中心能耗问题的可行方案。在大型水库附近建设大数据中心主要需要考虑三点问题：一是水库蓄水水温是否满足数据中心冷却要求；二是水库水流量所能产生的传热量是否满足数据中心散热要求；三是经过数据中心散热后的水如何处理能够不破坏生态环境。

调研国内外水库可以发现，水库的底层水水温与坝高、地理位置以及库容与径流量比相关。大型水库库底深层水温度常年保持较低水平，一般低于 14℃，而低于 18℃的冷却水即可满足数据中心机房散热需求。因此，若引用水库深层的低温冷水作为数据中心冷源，可避免使用制冷机组，实现数据中心全年自然冷却。在生态环境方面，已有研究报道因为大型水库库底常年保持低温，若水库下泄水温低于建库前天然河道水温，将对周边及下游生态环境带来负面影响[1]。因此，利用数据中心的发热量提升水库排水水温，不仅不会对生态环境造成破坏，反而有利于良好生态环境的构建。由此可见，在大型水库附近建设大数据中心具备可行条件。

2.1　我国水库现状及环境影响

我国水电能源丰富，为合理开发利用水资源，我国有一大批已建、在建及待建的大型深水库[2]。截至 2005 年年底，我国 30m 以上已建、在建大坝共有 4860 座，其中坝高 300m 以上的有 1 座，坝高 200～300m 的有 8 座，坝高 150～200m 的有 22 座，坝高 100～150m 的有 99 座，坝高 60～100m 的有 42 座，坝高 30～60m 的有 4308 座[3]。截至 2014 年，我国已建和在建的大坝中超过 15m 的约 23842 座，其中包括部分大坝坝高超过了 200m，如二滩（坝高 240m）等[4]。这些水库的建设在防洪、发电、航运、养殖、供水等方面发挥了巨大的作用，对当地经济和社会发展发挥了不可替代的作用。但与此同时，由于水库的修建改变了原有的河道流水规律，水库的水温呈现规律的分布，造成溶解氧、硝酸盐、氮和磷等离子成层分布。上层水体温度较高，处于 18～21℃，水中溶解氧含量相对较高，有利于水生生物的生长。下层水体温度较低，常年低于 14℃，水中溶解氧含量相对较低，浮游植物进行氧化作用消耗水体中的溶解氧，产生对鱼类有害的 CO_2 和 H_2S 等，进而导致下层水体呈缺氧状态，若直接将下层水体排入下游河道，对下游水生生物的生长将产生很大的负面影响[5,6]。

根据水库的水温分布，其底层水温由于常年低于 14℃，水库底层水非常适合用作数据中心冷却系统冷源。而且，经过数据中心换热后的回水温度可升高 3～5℃，将回水再排入水库下游，可有效解决其"滞温"难题，因此对于高能耗的数据中心，若采用大型水库下游的冷水作为数据中心冷源，利用其冷量后再将其排回下游，就可以较大限度地利用自然冷源。温度较高的回水排入下游后也可有效解决修建水库后导致排水温度下降的难题，有利于水生生物生长及鱼类繁殖，对生态大有裨益[7]。

2.2　水库冷却数据中心水温分析

2.2.1　水库出水温度分析

从数据中心节能角度来看，充分利用自然冷源可以有效降低数据中心空调系统的能耗。现有的常规精密空调系统中，对室内的温度进行调节，低于 18℃左右的冷却水即可满足机房散热要求。

对天然的河流，由于其水流速度较快，水深较浅，水在河道流动的过程中混合剧烈，水温在纵向上无显著差异。修建水库并蓄水后，原有的天然河道形式不复存在，水坝拦截改变了河流的连续性，河道径流的年内分配和年际分配、水文情势、水流过程和水体的年内热量分配，过流面积增加，水库水深增大，使河道原来流动的、水温基本混掺均匀的水体转变为相对静止或流动十分缓慢的大体积停滞水体。水在不同温度下的密度不同，这会让水体温度分布产生变化。

从水库冷水供应角度来看，对于给定的水库，决定水库温度变化的主要有以下几个部分（见图 2.2-1）：（1）水气界面的热量交换，包括太阳短波辐射、大气长波辐射、水体长波辐射、热传导能量、水面蒸发热损失；（2）入库水流输入的热量，包括入库流量和水温；（3）出库水流带走的热量，包括出库流量和水温；（4）同河床的热量交换，是通过固定边界的热传导进行的，由于库底土壤中的温度梯度小，热交换量很少，一般可忽略；（5）内部产生的热，主要包括水的热能转化为摩擦热及物质中的化学能经生化作用释放的热能，通常情况下，二者都非常小；（6）人为活动，包括废热的排放和水轮机摩擦生热等，对于大型水库常可忽略不计。

水在不同的温度下具有独特的密度特点，水的最大密度出现在 4℃左右，高于或低于此温度时的密度都要下降，当水温高于 4℃时，在受热不均匀的状态下，一旦上层水温高于下层，形成上低下高的密度梯度，水体将有可能形成温度分层。水库水温分布一般有三种类型：稳定分层型、混合型和过渡型[8]。稳定分层型水库从上到下分为混合层、温跃层和滞水层，混合层水温随气温变化而变化，温跃层在垂直方向上具有较大的温度梯度，而

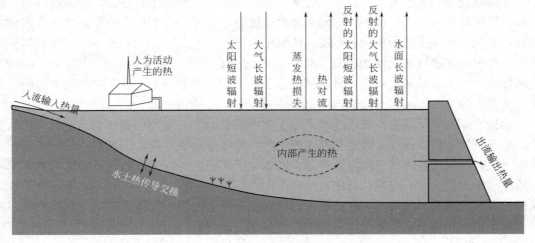

图 2.2-1　水库水体与外界热量交换示意图[5]

滞水层水温基本均匀；混合型水库垂向无明显分层，上下层水温均匀，年内水温变化较大；过渡型水库介于两者之间，偶有不稳定的分层现象，如图 2.2-2 所示。

常见的水库水温分布情况判别模式有：参数 α-β 法（入流流量与库容比值法）、Norton 密度佛汝德数法、水库宽深比法等[3]，其中前两种方法最为简单实用，经水库实测资料检验，其预测结果基本符合实际情况。

1. 参数 α-β 法

日本学者提出的这一方法是目前国内判别水库是否产生分层的主要依据：

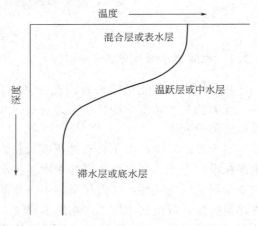

图 2.2-2　分层型水库垂向水温分布示意图

$$\alpha = \frac{多年年平均入库总流量}{总库容} \quad (2.2-1)$$

$$\beta = \frac{一次洪水总流量}{总库容} \quad (2.2-2)$$

当 $\alpha<10$ 时，水库为稳定分层型；当 $10<\alpha<20$ 时，为过渡型；$\alpha>20$ 时，为混合型。一般而言，α 值可初步判断水库是分层型还是混合型，但当洪水条件不同时，分层型也可能成为混合型，所以采用 β 值作为第二判别标准，对于分层型水库，如遇 $\beta>1$ 的大洪水，则洪水会破坏原有的水温结构，使其变为临时的混合型，而 $\beta<0.5$ 的洪水，一般对水温结构没有明显影响，这种方法主要适用于年内洪枯分季不明显、洪水次数频繁而每次洪水量不太大的水库状况。

2. Norton 密度佛汝德数法

1968 年美国学者 Norton 等提出用密度佛汝德数来判断水库的分层特性，密度佛汝德数是惯性力与由于密度差引起的浮力的比值，Fr 根据式（2.2-3）计算：

$$Fr = \frac{LQ}{HV}\sqrt{1/gE} \tag{2.2-3}$$

式中　L——水库长度，m；

$\quad\quad Q$——入库流量，m^3/s；

$\quad\quad H$——平均水深，m；

$\quad\quad V$——库容，m^3；

$\quad\quad E$——标准化的垂向密度梯度，$E = \Delta\rho/(\rho_0 \cdot H)$；

$\quad\quad g$——重力加速度，m/s^2。

根据哥伦比亚河上和田纳西流域管理局的水库观测资料：$Fr > 1.0$ 时水库为完全混合型；$0.5 < Fr < 1.0$ 为混合型，$0.1 < Fr < 0.5$ 为弱分层型，$Fr < 0.1$ 时为稳定分层型。在采用参数 α-β 判别法判别出水库水温结构为过渡型时，可采用佛汝德数判别法对水温结构进行进一步的判别。

3. 宽深比判别法

水库宽深比判别法公式为：

$$R = B/H \tag{2.2-4}$$

式中　B——水库水面平均宽度，m；

$\quad\quad H$——水库平均水深，m。

当 $H > 15m$、$R > 30$ 时水库为混合型，$R < 30$ 时水库为分层型。

除上述两种普遍采用的经验公式法外，其他学者也提出了一些判别方法。Zheng Yu 等[9] 认为水体在垂向上每米温差超过 1℃（温跃层），就认定为温度分层；蔡为武[10] 认为水库水温分层强弱与水库调节性能、泄水孔口相对位置和泄水状况等因素有关。

在多数水深超过 30m 的水源水库中普遍会出现温度分层现象[11]，并且以年为周期循环变化。由于水库水流缓慢，太阳辐射的热量除了一小部分被水面反射以外，其余大部分均被水体吸收，并向更深处的水体传递。大气辐射、库底辐射、进出流水体热量、水体大气之间的热交换以及各种生化作用产生或者消耗的热量都对水库内的热量收支产生影响。在水体内部也进行着各种热传递，包括上层水体与下层水体间的热传导，水体纵向对流产生的热交换，垂直环流产生的热掺混。水体在多方面因素的联合作用下，形成了特殊的水温分层结构。

大型水库库内水深流缓，热量传输能力下降，进入初夏后，库面水受到太阳辐射而升温，密度减小，停留在温度较低、密度较高的下层水之上，一旦风和波浪等因素无法使其在垂直方向混合时，就会形成水体的温度分层。进入秋天后，库表水体先行降温，密度增大，在重力作用下冷水下沉，与下层水混合，当混合作用扩展至库下水层后，垂向水温均匀[9]。表 2.2-1 为国内外部分水库水温测试情况，表中所列的水库库底年平均水温均低于 14℃，可较好地满足机房冷却水温度要求（低于 18℃）。

国内外部分水库实测水温情况 　　　　　　　　　　　　　　　　表 2.2-1

水库名称	坝高(m)	多年平均气温(℃)	水库表面年平均水温(℃)	库底年平均水温(℃)	备注
丹江口	97.00	15.67	18.44	12.10	1970~1974 年实测值
新安江	105.00	17.30	21.10	10.40	1961~1962 年实测值

续表

水库名称	坝高(m)	多年平均气温(℃)	水库表面年平均水温(℃)	库底年平均水温(℃)	备注
丰满	90.50	5.10	11.80	6.20	1954～1956 年实测值
古田一级	55.00	19.80	19.70	13.10	1959～1961 年实测值
佛子岭	75.00	16.58	18.21	13.08	1963～1964 年、1970 年实测值
官厅	45.00	9.90	13.80	11.00	1958 年实测值
新丰江	105.00	21.70	21.40	12.00	1962～1964 年不完整实测值
诺里斯(美国)	81.00	14.00	18.20	7.90	多年平均
鲍尔德(美国)	221.00	22.30	21.40	12.00	多年平均

下面对我国典型水库温度分布情况举例进行分析。

（1）新丰江水电站。新丰江水电站现装机总容量 33.61 万 kW，总库容 138.96 亿 m³，有效库容 64.89 亿 m³，死库容 43.068 亿 m³，为多年调节水库。水库正常蓄水位 116m，死水位 93m。集水面积 5740km²。坝址多年平均年径流量 60.5 亿 m³，多年平均流量 192m³/s。其水库实测水温如图 2.2-3 所示。

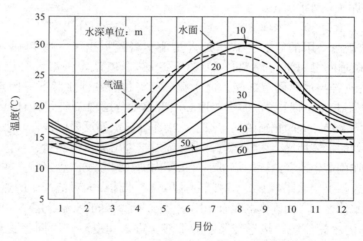

图 2.2-3　新丰江水电站实测水温[12]

（2）三板溪水电站。贵州大型水电站分布较为集中，且年气温较高，选取典型水电站——三板溪水电站进行水温分布分析。三板溪水电站 2006 年开始蓄水，水库水温呈稳定分层型，下游约 25km 的锦屏水文站作为三板溪下游水温影响的控制断面。图 2.2-4 为 2009 年三板溪水电站实测水温。该水电站水深 80m 以上为其死水区，全年温度均在 10℃左右，可较好地满足数据中心冷却需求。

（3）紧水滩水电站。紧水滩水力发电站控制流域面积 2761km²，多年平均流量 31.6 亿 m³。千年一遇洪峰流量 11700m³/s。电站正常蓄水位 184m，死水位 164m，调节库容 5.48 亿 m³，具有年调节性能。紧水滩水库水温结构为稳定分层型，135m 以下为滞水层，135～150m 为温跃层，150m 以上为混合层。根据 1993 年至今的水温监测，库区 125m 高程以下库容 0.35 亿 m³，水温常年保持在 13℃以下；库区 130m 高程以下库容 0.61 亿 m³，

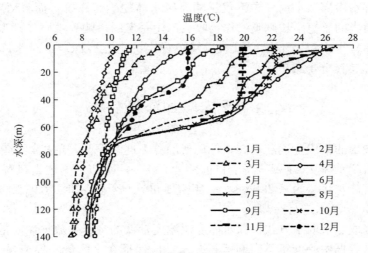

图 2.2-4　三板溪水电站实测水温[13]

水温常年保持在 15℃以下。

　　数据中心紧挨水电站建设，遇到溃坝、洪水等危险时会影响数据中心运行安全，为避免发生这些情况，同时保证最大限度使用水库底部排水的冷却资源，一般将数据中心建设在距离坝体 1~2km 的位置。当环境温度较高时，排出水库的底层冷水在下游流动时不断与外部热环境进行换热，冷水温度将相对升高。对我国南部地区某水库，在夏天，下游水的水温温升率一般在 1.5℃/km 左右，即下游冷水取水口的温度比水库出水口冷水温度高 3℃左右[14]。冬天时由于环境温度比水体温度低，水温将持续下降。由于一般水库底层水温常年低于 14℃，考虑环境温度较高时外界对水体的加热升温过程，下游取水口处水温依然可以低于 18℃，满足数据中心冷却需求。

　　综上所述，一般来说，稳定分层型即多年年平均入库总流量与总库容之比小于 10，且滞水层温度低于 18℃的水库附近适合建设大数据中心。水温情况与水库所处的地域密切相关，少数北方水库，由于气候本身属于寒冷区域，即使是过渡型或混合型（多年年平均入库总流量与总库容之比大于 10）水库，其滞水层温度也常年低于 18℃，依然适合作为水库型全自然冷却数据中心的冷源。

2.2.2　水库数据中心对生态环境的影响

　　由前述分析可知，水温分层型水库表层和底层水温差可达 20℃左右。若水库下泄水温低于建库前天然河道水温，将给周边及下游生态环境带来负面影响[1]。首先，水库底层取水形成的下泄低温水会对下游农作物造成不利影响，尤其是在农作物比较敏感的 4~8 月间。如在水稻的分蘖期，水温由 22℃降低到 21℃时，抽穗期平均延迟 3~4d，减产 10%左右。同时，水库温度分层现象也会对水生生物产生不利影响。水温分层型水库下层水体温度较低，溶解氧含量较少，CO_2、H_2S 等有害物质较多。由于鱼类产卵和孵化均对水温有严格的要求，且大部分鱼类在初春至夏末时期繁殖，而此时也往往是水库下泄低温水的时期。低温水会造成鱼类产卵推迟或者不产卵。如美国格伦峡谷大坝的修建，低温下泄水使下游的科罗拉多河中 8 种鱼类中的 3 种已经消失，另外 60 多个物种受到威胁。

因此，大型水库库区水温分布不仅影响库区水体的生态系统，而且对水库下游水质、水生微生物、鱼类的繁殖生长以及农作物收成产生一定的影响。水库冷却型数据中心的构建将会提升水库排水水温，不仅可以获得绿色稳定的自然冷源，也对水库下游的水生生物、农作物等都具有重要意义。

2.3　水库冷却冷量分析

随着信息技术的集成度逐渐增大，单机架的算力逐渐提升，单机架功率不断增长，假定数据中心单机架功率为 6kW（高于目前的 4.8kW），冷却水侧进出口温差设定为 5℃，则一台机架所需冷水流量为 0.28kg/s，一年需要 9010t 冷水冷却。考虑 10%的裕量，单机架一年约需 10000t 冷水进行冷却。

数据中心采取底层取水方式，取水库底层温度较低的水作为数据中心的冷源对机房进行散热。为满足数据中心全年不间断运行要求，应保证在水库最小径流量[15,16]条件下依然满足冷却需求。在不影响水电站正常运营的情况下，取水电站年最小径流量的 10%作为可供给数据中心冷却的冷水流量。若在表 2.3-1 列出大型水库旁建设数据中心，其冷水冷量可冷却 280 万架机架，而 2021 年数据中心机架数目的预估值为 350 万架，即可满足我国大部分数据中心机架的冷却需求。这种将水库底层的冷水作为冷源的自然冷却方式将避免使用制冷机，大幅度降低冷却系统的能耗，从而提高数据中心整体能效。

我国部分水电站可供数据中心冷却的理论机架数　　表 2.3-1

水电站编号	理论机架数（万架）	水电站编号	理论机架数（万架）
1	2.83	13	27.92
2	16.37	14	23.02
3	7.41	15	23.31
4	14.72	16	20.81
5	2.43	17	11.28
6	5.74	18	6.19
7	8.38	19	3.61
8	2.69	20	15.44
9	4.16	21	29.83
10	12.42	22	1.45
11	10.62	23	1.02
12	30.70	24	1.73

2.4　水库型全自然冷却数据中心方案

2.4.1　水库型全自然冷却数据中心冷却系统

由于水库滞水层水温常年保持在 18℃以下，因此在水库附近建设大型数据中心无需部署额外的冷源设备，将水库排水的低温冷水引入一个合适的蓄水池，经初步沉淀后，利用水泵将其送至过滤装置进行水质处理，再送至换热器中吸收机房的热量，最后排至水库下游。图 2.4-1 给出了水库下游排水对数据中心的冷却过程。

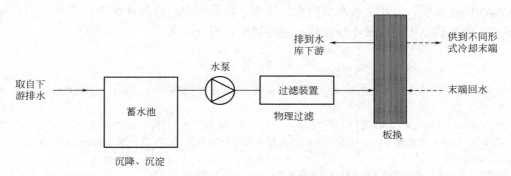

图 2.4-1　水库下游排水冷却数据中心流程图

2.4.2　能效分析

对以水库下游冷水作为冷源的数据中心，若采用高效冷却末端，如热管分布式冷却技术，依靠重力实现循环换热，无需额外的输配能耗，仅列间级和机柜级的末端风机耗电，由于分布式冷却采用小风量大焓差的冷却模式，风机耗电量也大幅减少。根据实测数据，列间级和机柜级的末端 COP（制冷量/耗电量）可高达 50 以上；根据数据中心取水点与数据中心的地理位置差异，可能还需用到水泵。则水库型全自然冷却数据中心冷却系统的 GCOP（能效比，Coefficient of Performance）值可按下式估算：

$$GCOP = \frac{总耗电量 - 冷却系统耗电量}{冷却系统耗电量}$$

与当前数据中心比较，按我国数据中心年耗电量 2500 亿度电，其中冷机耗电量约为 210 亿度/a（冷机 COP 为 8，平均 PUE 值取 1.5）计算，若采用水库水冷却，每年可节省 210 亿度电。

2.5　本章小结

（1）国家大力发展新基建，数据中心是其重要组成部分。为充分利用自然冷源，数据中心建设宜选址在大型水库下游。利用流入河流下游的水库底层冷水作为数据中心冷源，可取消机械制冷，有效减少数据中心空调系统能耗，充分节约能源。

（2）技术方面，将水库下游排出的低温冷水引入蓄水池，沉降水中附着的泥沙，对冷水进行初步清洁。上层洁净的冷水（一次水）流入数据中心板式换热器与二次水进行充分换热，温度较高的一次水排出到水库下游河道中。

（3）在水库下游搭建数据中心并利用下游水作为冷源，将会升高下游水温。对数据中心，可获得绿色稳定的自然冷源，节约能源。从数据中心排出的温度较高的水也可有效解决修建水库后导致排水温度下降的难题，对生态环境及枢纽工程本身具有重要意义。

（4）为保证数据中心的运行安全，数据中心选址应距水坝一定距离，且地势比较高的下游区域，避免溃坝和洪水的风险。同时，应考虑下游河流水温随距离坝体距离的关系，确保水坝选址点可满足数据中心冷却需求。

（5）数据中心的选址与搭建需与水利部门紧密配合，统一规划。应确保数据中心与水利工程的协同发展，与相关水利部门充分沟通，将数据中心冷却作为水库应用之一，保障下游水引流到数据中心的最小径流量，避免风险，安全取水。

本 章 参 考 文 献

[1] 甘衍军，李兰，武见等. 基于EFDC的二滩水库水温模拟及水温分层影响研究 [J]. 长江流域资源与环境，2013，22（4）：476.

[2] 何洁. 水库分层取水及其水温变化试验和数值模拟研究 [D]. 北京：中央民族大学，2013.

[3] 戴凌全. 大型水库水温结构特征数值模拟及下泄水生态影响研究——以三峡水库为例 [D]. 湖北：三峡大学，2011.

[4] 李广宁. 大型水库水温结构及取水口前流场研究 [D]. 天津：天津大学，2015.

[5] Sebnem Elci. Effects of thermal stratification and mixing on reservoir water quality [J]. Limnology, 2008, (9): 135-142.

[6] Milstein A., Zoran M.. Effect of water withdrawal from the epiliminion on thermal stratification in deep dual purpose reservoirs for fish culture and field irrigation [J]. Aquaculture International, 2001, (9): 81-86.

[7] 王煜，戴会超. 大型水库水温分层影响及防治措施 [J]. 三峡大学学报（自然科学版），2009，31（06）：11-14+28.

[8] 张少雄. 大型水库分层取水下泄水温研究 [D]. 天津：天津大学，2012.

[9] Yu, Z., Yang, J., Amalfitano, S. et al. Effects of water stratification and mixing on microbial community structure in a subtropical deep reservoir [J]. Scientific Reports, 2014, 4.

[10] 蔡为武. 水库及下游河道的水温分析 [J]. 水利水电科技进展，2001，(5)：20-23.

[11] 脱友才，刘志国，邓云，等. 丰满水库水温的原型观测及分析 [J]. 水科学进展，2014，25（005）：731-738.

[12] 朱伯芳. 库水温度估算 [J]. 水利学报，1985（02）：12-21.

[13] 颜剑波，楚凯锋，张德见等. 一种常用水库水温计算经验公式的改进研究 [J]. 水利水电技术，2016，47（10）：73-77.

[14] 李晓路，胡振鹏，张文捷. 大坝下游河道水温变化规律及其影响 [J]. 江西水利科技，1995（03）：167-173.

[15] 王玲慧. 水库生态服务功能及价值评估研究 [D]. 昆明：昆明理工大学，2016.

[16] 许伟. 龙羊峡、刘家峡河段梯级水库联合运用相关问题研究 [D]. 北京：清华大学，2015.

第3章　东江湖数据中心冷却系统案例分析

3.1　东江湖水文参数介绍

东江湖位于湖南省郴州市资兴市，水面宽160km²（24万亩），蓄水81.2亿 m³，是我国中南地区目前最大的人工湖泊，定位为常年调整性水库。东江湖区属于非自然灾害地区，没有地震、洪水、飓风灾害对设施的威胁。东江湖水面下25～75m处水温常年低于5℃，拥有极为丰富的冷水资源。东江水库大坝，坝高157m，底宽35m，顶宽7m，坝顶中心弧长438m。东江湖水库采用底部排水方式，排水温度常年约为4℃。小东江由上游的小东江水电站和下游的鲤鱼江水电站而成为一条长约12km的狭长平湖。

东江湖数据中心在东江大坝排水10km处取水，靠近下游鲤鱼江水电站，取水处径流稳定，最低径流40m³/s，无环境冲击力。根据下游鲤鱼江水电站水文数据监测，近20年的流量和水位如图3.1-1和图3.1-2所示，历史最低流量为40m³/s，最高流量为598m³/s，最高水位为147.35m，最低水位为145.25m。可以发现小东江的水流量充沛，水位较为稳定。下游鲤鱼江水电站在2018年和2019年对小东江水面温度进行逐日监测，如图3.1-3所示，水电站出的水温常年处于11～16℃。需要指出，水温监测点位于下游鲤鱼江水电站，距离上游东江大坝排水12km，距离数据中心取水点2km左右，由于湖面空气换热，监测温度稍高于东江湖数据中心园区的取水温度。

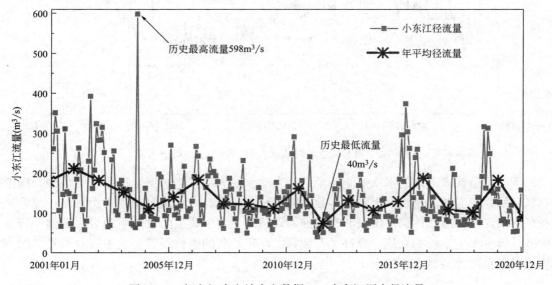

图 3.1-1　鲤鱼江水电站水文数据——小东江历史径流量

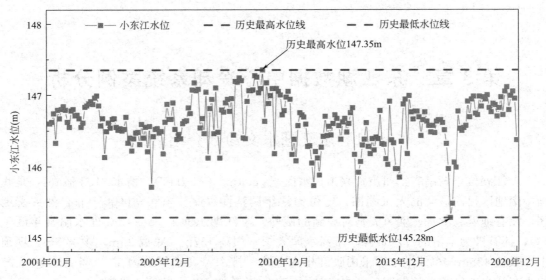

图 3.1-2　鲤鱼江水电站水文数据——下游东江水电站历史水位

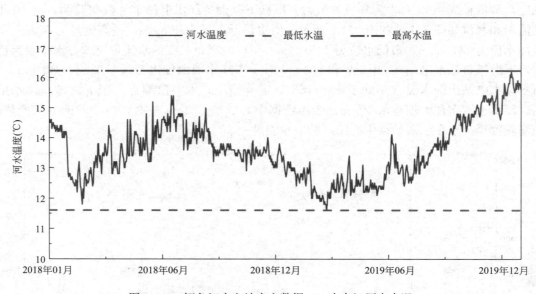

图 3.1-3　鲤鱼江水电站水文数据——小东江历史水温

下游鲤鱼江水电站的水质监测显示，小东江水的大部分指标满足国家Ⅰ类标准，但溶解氧、氨、氮、镉、总磷及大肠菌群数等指标稍有不足，但仍满足国家Ⅱ类标准。综合来看，小东江的水质整体满足国家Ⅱ类标准，即适用于集中式生活饮用水地表水源地一级保护区、珍稀水生生物栖息地、鱼虾类产卵场、仔稚幼鱼的索饵场等，可见其具有较高的水质，满足自然冷源洁净度要求。

3.2　东江湖数据中心冷却系统流程和参数

为了利用当地丰富的冷水资源，东江湖数据中心的冷却系统为集中式冷水空调。该系统由取水系统、冷水系统和末端系统组成，采用了"自然水冷技术"，可以根据室内环境状况和室外自然冷源的温度进行控制，以实现最大限度地节能。

3.2.1　取水系统

取水系统如图 3.2-1 所示，该系统由提升泵房和连接管路组成。提升泵房被设置在距离东江湖约 20m 处。系统工作时，湖水先在重力作用下流至提升泵房下部的一个沉降池中，初步处理水质。然后，沉降池中的湖水经由一台型号为 KP1415 的大型提升水泵（流量为 1500m³/h，扬程为 34m）与一台型号为 KP8015 的小型提升水泵（流量为 800m³/h，

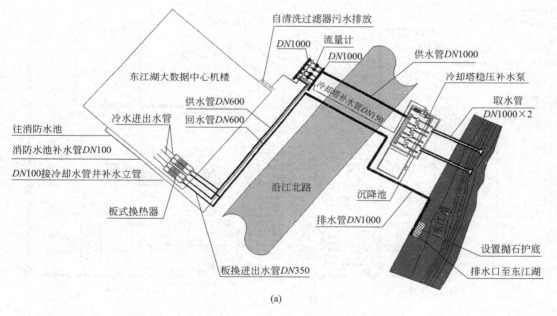

(a)

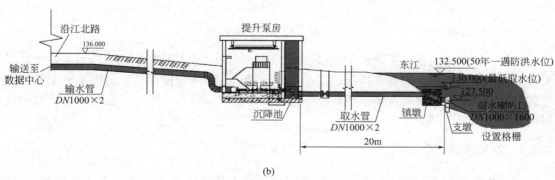

(b)

图 3.2-1　湖水取水系统图

（a）主视图；（b）侧视图

扬程为 34m）抽取，通过横穿沿江北路的地下管路送至两台型号为 DLD-FZ-500 的自清洗过滤器（过滤精度 $200\mu m$）进行水质处理，最后送往数据中心机楼内冷水机房的板式换热器中进行换热。机楼与提升泵房的直线距离约 50m。

3.2.2 冷水系统

冷水系统采用湖水作为冷源。在冷水机房中，由提升泵房输送而来的低温湖水先在两台型号为 AC190/273/PN10/304/E 的板式换热器（额定换热量为 4800kW）中将机房输送来的冷水回水冷却至低温；再由两台型号为 KP80172-17A069 冷水泵（流量为 $860m^3/h$，扬程为 44m）将冷却后的冷水送回数据机房，如图 3.2-2 所示。板式换热器预留有 4 个安装位置，目前已安装两台。冷水管路上设置有型号为 DLAP-350 的全程综合水处理装置（最大流量为 $700m^3/h$）和型号为 DLDY-800-L-1-0.6-2 的自动定压补水装置（功率为 35kW，补水水量为 $150m^3/h$）。

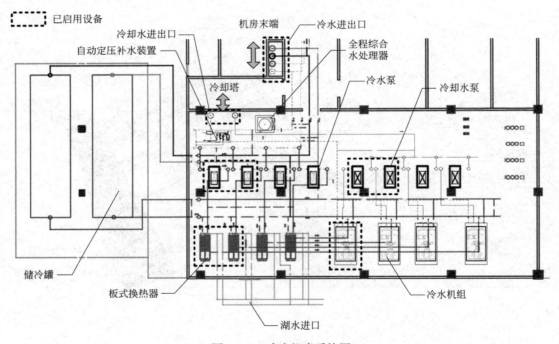

图 3.2-2 冷水机房系统图

此外，冷水系统配置了两个 $180m^3$ 的蓄冷罐，当系统进行模式切换或冷源突然中断时对系统进行应急供冷，确保制冷连续不中断。同时，冷水系统设计了一台冷水机组及其配套的冷却塔、冷却水泵等设备组成备用的机械制冷系统。冷水系统正常运行时，不启用机械制冷系统。

3.2.3 空调末端

数据机房的空调末端采用冷通道封闭的地板集中送风的形式，每个机房共设置 11 台额定冷量为 110kW 的精密空调（CRAH），如图 3.2-3 所示。运行时，不同 CRAH 的排风在地板下混合后送至不同列机柜的冷通道，然后被两侧机柜内的服务器吸入并用于设备散热。服务器的风扇将换热升温后的空气排至热通道中，由 CRAH 各自吸入，并由冷水机房供应的冷水进行换热冷却至推荐温度，进入下一个循环。

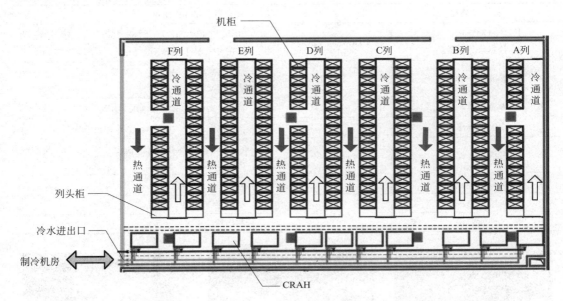

图 3.2-3　二楼 1 号数据机房冷却系统图

　　每间配电室的空调末端采用 5 台 40kW 的多联热管空调，如图 3.2-4 所示。热管空调是依靠重力和制冷剂蒸气的浮力作为驱动力的冷却设备，无需额外的驱动部件。运行时，热管蒸发器的风扇将配电设备和不间断电源（UPS）排出的热风吸入，通过制冷剂的相变换热将其冷却至推荐温度，最后排回室内对设备进行冷却。同时，热管蒸发器内的制冷剂吸热蒸发后通过气管输送至走廊的冷量分配单元（CDU）进行冷却，冷却后的液态制冷剂在重力的作用下流回蒸发器进行下一个循环。

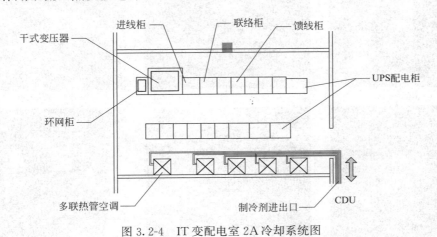

图 3.2-4　IT 变配电室 2A 冷却系统图

3.2.4　主要设备参数介绍

　　冷却系统的基本设备参数如表 3.2-1 所示，外观如图 3.2-5 所示。

设备基本参数表　　　　　　　　　　　　　表 3.2-1

序号	设备名称	数量	设备型号	设备规格
1	板式换热器	2	AC190/273/PN10/304/E	额定换热量 4800kW
2	自动定压补水排气装置	1	DLDY-800-L-1-0.6-2	功率 35kW，补水水量 150m³/h，额定压力 0.6MPa，补水箱容积 1.5m³
3	智能水处理器	1	DLAP-350	额定电压 220V，最大流量 700m³/h，额定压力 1.0MPa
4	大型提升水泵	1	KP1415	流量 1500m³/h，扬程 34m，功率 180kW
5	小型提升水泵	1	KP8015	流量 800m³/h，扬程 34m，功率 110kW
6	自清洗过滤器	2	DLD-FZ-500	过滤精度 200μm，额定流量 2000m³/h，额定压力 1.0MPa
7	蓄水罐	2		容积 180m³
8	精密空调	11	SCU1300	制冷量 110kW
9	热管空调	5		制冷量 40kW

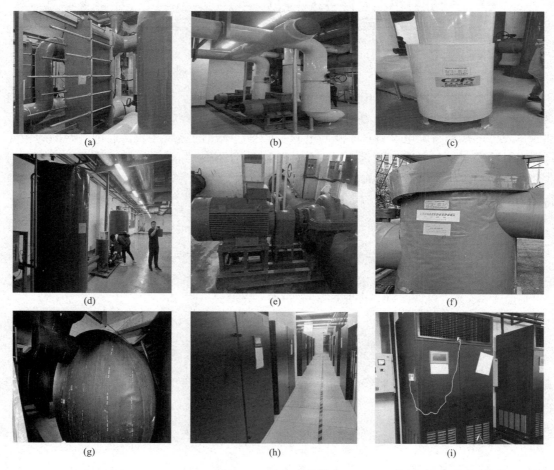

(a)　　　　　　　　　　(b)　　　　　　　　　　(c)

(d)　　　　　　　　　　(e)　　　　　　　　　　(f)

(g)　　　　　　　　　　(h)　　　　　　　　　　(i)

图 3.2-5　冷却系统设备

（a）板式换热器；（b）冷水泵；（c）智能水处理器；（d）自动定压补水排气装置；（e）大型提升水泵；

（f）自清洗过滤器；（g）蓄冷罐；（h）CRAH；（i）热管空调

3.2.5　冷却系统运行模式介绍

1. 取水系统运行模式

取水系统根据数据中心总体热负荷情况通过调节管道阀门开度和提升水泵的频率来控制湖水的供水流量。

2. 冷水系统运行模式

如图 3.2-6 所示，冷水系统采用免费冷却模式，直接将湖水引入制冷机房内的板式换热器，将机房输送来的冷水回水冷却至低温，再将被加热的湖水排回东江。在实际运行过程中，数据中心全年采用免费冷却模式即可保证机房内冷通道温度处于《数据中心设计规范》GB 50174—2017 的 A1 标准推荐温度范围内，无需机械制冷。

3. 末端设备运行模式

由于每个机房内所有末端 CRAH 的排风均在地板下混合，因此根据机房冷热通道温度控制 CRAH 的开启台数，并根据不同列机柜负载率的高低控制不同位置的 CRAH 开启或关闭。由于配电室的负载率变化很小，水冷多联分离式热管空调处于常开状态。

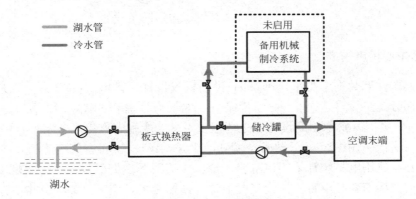

图 3.2-6　冷水系统免费冷却运行模式

3.3　东江湖数据中心运行能耗分析及对水环境的影响

湖南云巢东江湖数据中心于 2017 年建成投入运营，已经运行三年多的时间。前两年服务器数量和负载逐年增加，2020 年受到疫情影响，IT 设备负载略有降低，总体趋于稳定。整个数据中心全年湖水免费冷却，目前虽仍处于低负载工况下运行，但整个系统保持着高效率，实测年平均 PUE 值为 1.18。

3.3.1　数据中心用电整体概况

2019 年 11 月 1 日至 2020 年 10 月 31 日，湖南云巢东江湖数据中心计量电表显示全年累积用电量 12245880kWh，月均耗电量 1020490kWh，日均耗电量 33550kWh；IT 设备的全年累积用电量 10357878kWh，月均耗电量 8631567kWh，日均耗电量 28378kWh。东江湖数据中心的实测年平均 PUE 值为 1.18，逐月耗电量及 PUE 变化如图 3.3-1 所示。

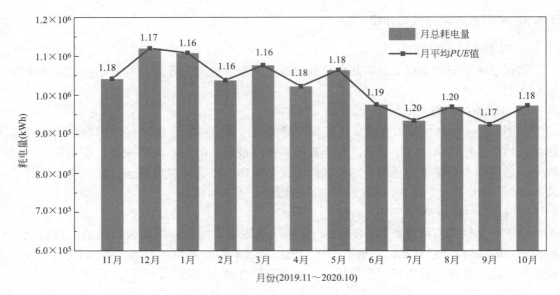

图 3.3-1　数据中心总耗电量逐月变化趋势

3.3.2　数据中心用电构成

湖南云巢东江湖数据中心采用准 Tier Ⅳ 的电气设计，市电、UPS 完全冗余设计，同时使用柴发部分冗余设计，至少 8h 油量储备，电气设计流程如图 3.3-2 所示。冷水机组直接接入 10kV 电网，其他用电设备通过数据中心多个变配电室接入电网，其中 UPS 连接 IT 服务器、末端空调精密空调及热管空调和冷水泵，保证 IT 设备安全运行。

数据中心整体用电量统计采用市电输入量，包括以下 5 个部分：一层变配电室，二层北变配电室，二层南变配电室，河边变配电室，高压冷机，用电损耗。其中，用电损失主要是由于市电接入到室内变配电室的变压器电损。统计 2019 年 11 月至 2020 年 10 月的各部分全年耗电量，如图 3.3-3 所示，一层变配电室占 19.28%，二层北变配电占 57.78%，二层南变配电占 18.92%，河边变配电室占 2.17%，高压冷机占 0.02%，用电损耗占 1.82%。需要指出的是，一层变配电室用电设备包括：冷水泵、冷却水泵、精密空调、冷却塔、机房照明、公共照明、电梯、新风机、消防等；二层变配电室用电设备包括：模块化机房 IT 服务器设备、UPS 损耗、线路传输损耗等；河边变配电室用电设备包括：湖水取水泵、泵房照明、泵房行车、餐厅、生活水泵等。为了设备维护需求，高压冷机、冷却塔等长期备用闲置设备，需要定期开启巡检，因而产生了耗电量。

3.3.3　数据中心总耗电量分析

东江湖数据中心 IT 设备耗电量与数据中心总耗电量的逐月变化趋势如图 3.3-4 所示。可以发现，IT 设备耗电量和总耗电量逐月的变化趋势一致，两者之间存在着明显正相关。小东江湖水月平均水温与数据中心总耗电量的逐月变化趋势如图 3.3-5 所示。全年小东江湖水的水温基本保持恒定，温度波动范围在 12～13℃ 之间，东江湖数据中心全年实现湖水完全免费冷却。

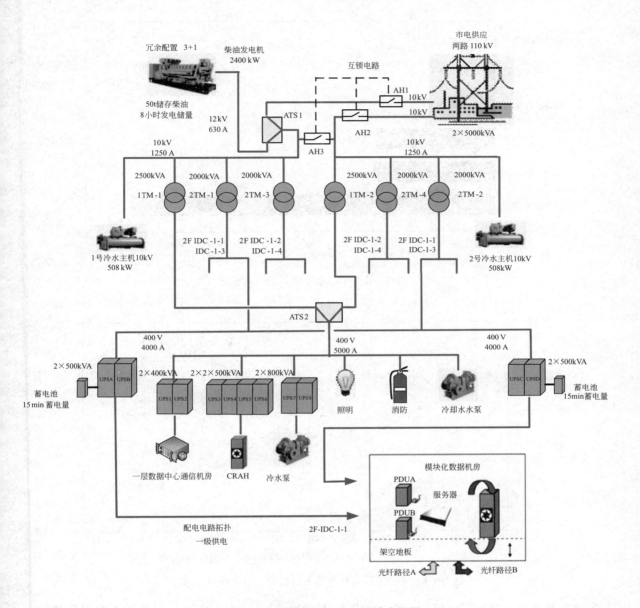

图 3.3-2　数据中心配电设计流程图

3.3.4　数据中心 GCOP 测试分析

为了测试东江湖数据中心的实际 GCOP 值及不同辅助设备的能耗，测试时间为 2020 年 10 月 16 日至 2020 年 10 月 23 日，测试期间的蓄水池温度和气象参数如图 3.3-6 所示。数据中心 GCOP 计算原则：GCOP＝（数据中心总耗电量－冷却系统能耗）/冷却系统能耗。数据中心总耗电量包括 IT 设备耗电量和辅助设施耗电量两部分，IT 设备耗电量计量包括 M1～M4 模块化机房、接入机房及自用机房的服务器机架的输入电量；辅助设施耗电量包括制冷设备（湖水泵、冷水泵、室内末端空调）、用电损耗（变压器配电、UPS 及传输损

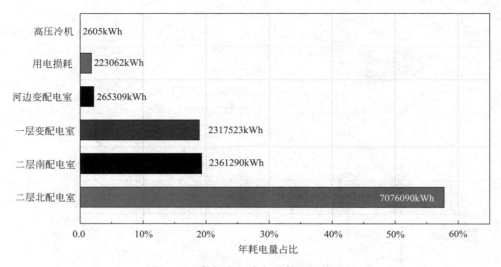

图 3.3-3　数据中心全年整体用电构成图

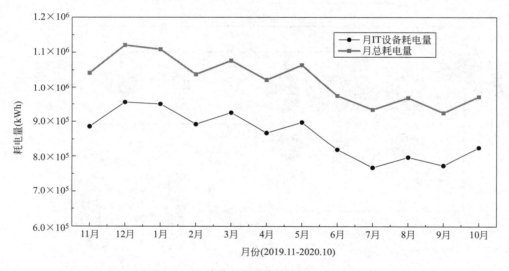

图 3.3-4　IT 设备耗电量与数据中心总耗电量

失等）及其他（照明、电梯、水系统定压补水装置等）。数据中心总耗电量每小时平均值为 1474.9kWh，其中 IT 设备为 1247.5kWh，制冷设备为 123kWh（湖水泵为 17.0kWh，冷水泵为 30.3kWh，室内末端空调为 75.7kWh），变压器配电损耗为 22kWh，UPS 损耗为 77.8kWh，其他设备电损耗为 4.7kWh。需要指出的是，其他设备耗电量中，水泵定压补水装置耗电量为 0.4kWh，照明和电梯合计耗电量为 4.3kWh。因此，可计算出东江湖数据中心 $GCOP=$（1474.9－123）/123＝11，IT 设备及辅助设备的耗电量分布占比如图 3.3-7 所示。东江湖数据中心规划机架数为 2500 个左右，单机架负载为 4kW，而目前实际安装机架数为 1000 个左右，负载率仅为 10.8％，仍然处于低负载下运行。全年湖水温度较为稳定，PUE 实测值为 1.18。可以发现，在低负载运行工况下，整个冷却系统已经具有非常高的能效。

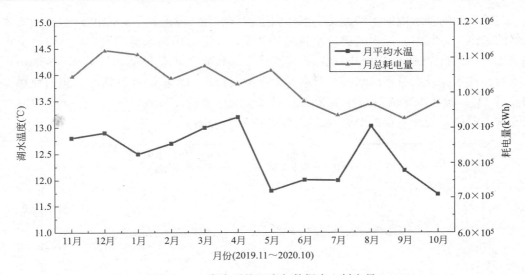

图 3.3-5　湖水平均温度与数据中心耗电量

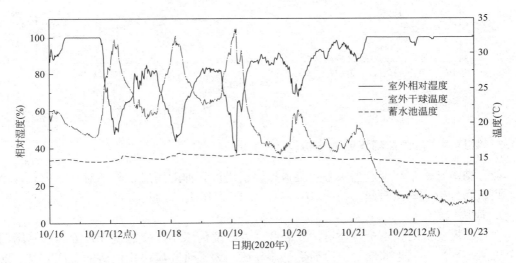

图 3.3-6　测试期间的蓄水池温度及气象参数

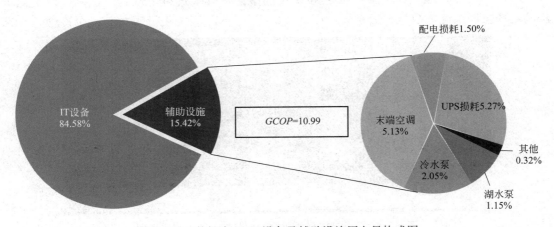

图 3.3-7　数据中心 IT 设备及辅助设施用电量构成图

测试期间的湖水供回水温度及冷水供回水温度如图 3.3-8 所示，温度监测点为板式换热器的进出口。其中，湖水的供回水温差约 4℃，冷水的供回水温差约 2℃，均属于小温差大流量的运行工况，主要原因是为了保护水泵，设定了水泵最低运行频率（30Hz），测试期间的湖水提升水泵和冷水泵处于最低频率下运行。如果将湖水侧及冷水侧的换热温差加大到 5℃，可将湖水流量及冷水流量分别减少到原来的 0.8 及 0.4，从而能有效减少水泵的输送电耗，理论上数据中心 GCOP 可提高 20% 左右。

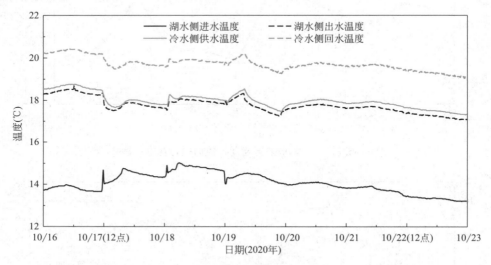

图 3.3-8　测试期间的湖水进出水及冷水侧供回水温度

3.3.5　数据中心室内热环境测试分析

现有湖南云巢东江湖数据中心主要包括模块机房和辅助用房，分别对其室内热环境进行了测试和分析，测试时间为 2020 年 10 月 21 日至 10 月 23 日。

1. 模块机房

现有的模块机房在每个冷通道内安装两个温湿度传感器，分别置于靠近两端封闭门第五个机架的顶部，用于监测每个冷通道的热环境。为了研究模块化机房的温度分布，2020 年 10 月对东江湖数据中心二层 M1 模块机房的室内热环境进行了现场测试，该模块化机房的动环监控系统可视化平面布局如图 3.3-9 所示。M1 模块化机房共有 6 个冷通道，选

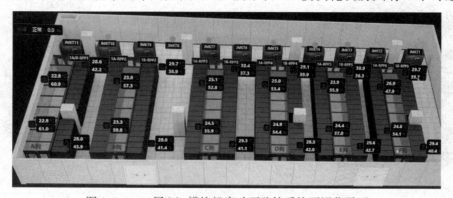

图 3.3-9　二层 M1 模块机房动环监控系统可视化平面

取负载率较高的 B 列冷通道 B22 机架进行了垂直方向的温度场分布测试，在机架 B22 的进风和出风垂直方向分别均匀布置 10 个热电偶温度传感器，如图 3.3-10 所示。

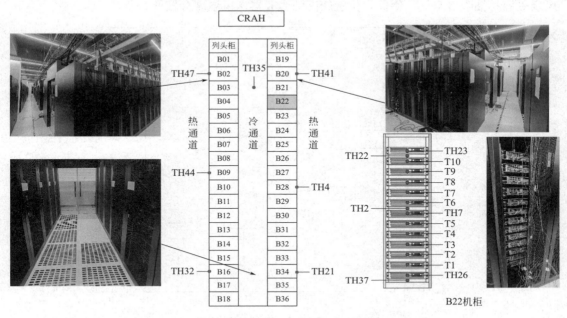

图 3.3-10　机柜 B22 垂直方向的热电偶布置示意图

　　图 3.3-11 和图 3.3-12 为机房内 B 组机柜列中 B22 号机柜（13 台服务器）服务器进风口的逐时温度和测点平均温度。很明显，在测试的 15h 内，机柜进风口的温度基本保持恒定，温度波动范围在 22~23℃之间。同时，对比 T1 至 T10 的平均温度，可以发现，T1 处的平均送风温度最高，随着测点高度的增大，平均送风温度逐渐降低，在 T8 点处达到

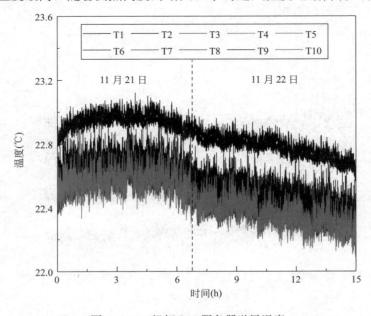

图 3.3-11　机柜 B22 服务器送风温度

最小值。当冷空气由机柜底部送出时，由于射流速度较快，最底层的服务器风扇无法抽吸到足够的冷空气，导致 T1 处的送风温度较高。随着冷空气上升，风速逐渐降低，服务器风扇更容易抽吸冷空气，因此，位置较高的服务器送风温度会较低。

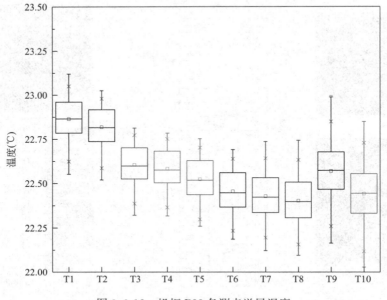

图 3.3-12　机柜 B22 各测点送风温度

　　图 3.3-13 和图 3.3-14 为 B22 机柜服务器出风口的逐时温度和测点平均温度，相比于服务器的送风温度，服务器各测点出风温度随时间的波动明显较大，这主要是由于服务器工作过程中负荷不断变化，导致元件散热量变化，进而影响出风温度。另外，各测点出风温度未呈现出特别的规律，说明测点高度和出风温度间没有明显的关系，主要受到该测点位置的服务器工作负荷的影响。

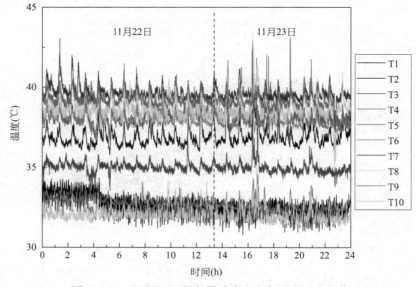

图 3.3-13　机柜 B22 服务器垂直方向各测点温度变化

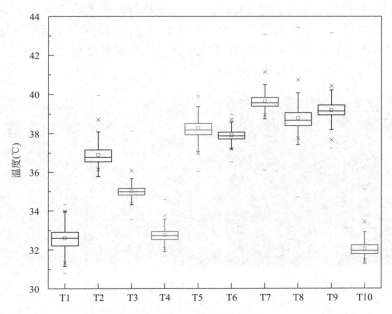

图 3.3-14　机柜 B22 服务器垂直方向各测点 24h 温度分布

2. 辅助用房

该项目的辅助用房主要包括变配电间和 IT 配电电池室,其采用的冷却系统是水冷多联热管系统。以二层 IT 变配电间 2 为例作为辅助用房热环境的分析。IT 变配电间室 2 平面布置如图 3.3-15 所示。该 IT 变配电间主要包含 UPS 柜、干式变压器柜、环网柜及馈线柜等。从现场对 IT 变配电室的红外摄像仪分析(见图 3.3-16),可以获得 IT 变配电室的热量主要来源于干式变压器柜和 UPS 柜。红外摄像仪测试发现,UPS 柜表面温度为

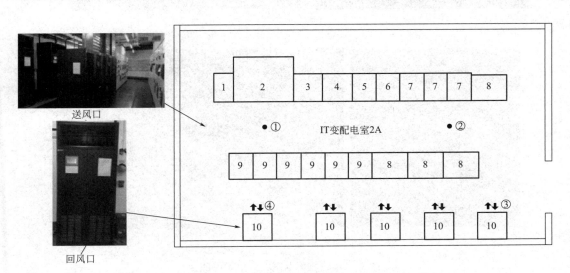

送风口

回风口

图 3.3-15　IT 变配电间 2 平面布置示意图

1—环网柜;2—干式变压器;3—进线柜;4—联络柜;5—无功率自动补偿柜(主);
6—无功率自动补偿柜(辅);7—馈线柜;8—UPS;9—UPS 配电柜;10—热管空调

30℃左右，UPS 柜出风口温度高达 35.2℃，干式变压器柜的表面温度高达 38.5～39.1℃。因此，选用变配电室①和②作为温度和相对湿度测试点。同时，利用温湿度自记仪测试了热管空调机组的出风和回风的温度和相对湿度值（其测试点分别为③和④）。热管空调采用上送下回的送风方式，其性能参数见表 3.3-1。

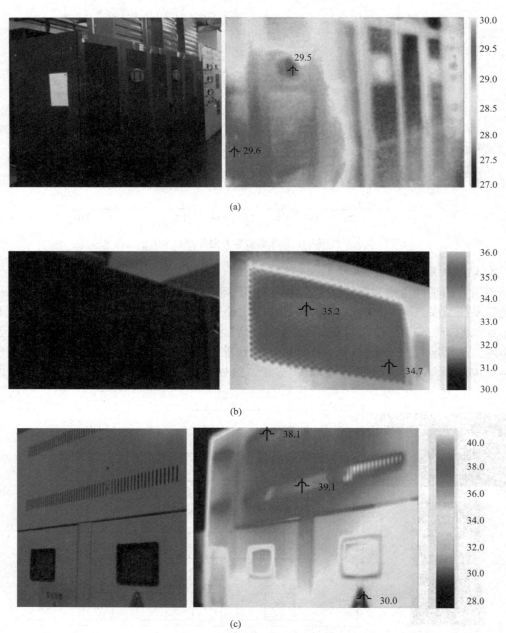

图 3.3-16　变配电室红外摄像仪照片

（a）UPS 柜；（b）UPS 柜出风口；（c）干式变压器柜

型号	外形尺寸(宽×深×高) (不含底座,mm)	显热量(kW)	风量 (m³/h)	功率 (kW)
MRG-40-LG	1000×800×1950	40	11000	1.75

热管空调的性能参数　　　　　　　　　　　　　表 3.3-1

　　由于 IT 变配电室的热负荷相对稳定，选用某一天 24h 进行测试并分析其热管空调的运行效果。图 3.3-17 为 IT 变配电室测试点①和②的温度测量结果，可以看出测点①和测点②所在区域的温度为 26～28℃，均满足《数据中心设计规范》GB 50174-2017 对于辅助区温度设计的要求。测点①的温度略高于测点②的，主要原因是测点①周围共有 4 个 UPS 柜，而测点②的热源主要来源于干式变压器柜。测点①和测点②的相对湿度测量值都在设计要求范围（35%～75%）内。图 3.3-18 和图 3.3-19 分别为测试点③和测试点④的温度测量结果，可以看出测试点③处的热管空调在实际运行过程中的温差为 3℃左右，而测试点④处的热管空调在实际运行过程中的温差为 1.5～2℃。由于 IT 配电室热源分布不均匀的特性，使得测试点③处热管空调的回风温度比测试点④处热管空调的回风温度高。对于热管空调来说，蒸发段（室内侧）与冷凝段（CDU 部分）的温差越大，热管的运行效果越好。因此，测试点③处热管空调的换热量大于测试点④处热管空调的换热量。

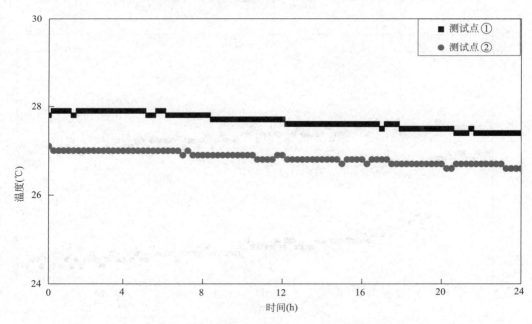

图 3.3-17　测点①和测点②在 24h 的温度测量值

　　综上对 IT 变配电室的分析，由于 IT 变配电室的主要热源是干式变压器和 UPS 柜，对原有的热管空调布置可以按图 3.3-20 进行重新布置，热管空调②和④分别靠左右墙布置，使得热管空调更加靠近热源，因而热管空调的进口温度越高，热管空调的换热效果更好。由于 IT 变配电室的热负荷较稳定，那么热管空调可以减小风量来保证一定量的制冷量，从而减少了热管空调的能耗。同样，对于采用热管空调系统的辅助用房，也可以通过改变热管空调与热源的位置或者其他措施使得辅助用房的气流组织更加合理，使得热管空

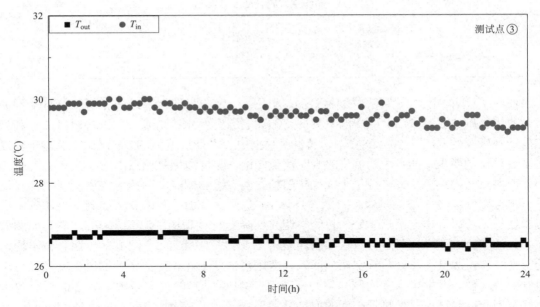

图 3.3-18　测点③在 24h 的温度测量值

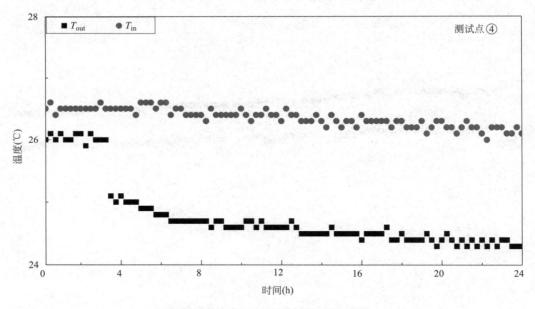

图 3.3-19　测点④在 24h 的温度测量值

调的换热效率更高，从而降低整个数据中心的能耗。

3.3.6　数据中心建设对水环境的影响

　　根据环境保护行业标准《环境影响评价技术导则　地表水环境》HJ 610—2016，各类地面水域规模是指地面水体的大小，标准中规定河流与河口的划分原则是根据所建工程项目排污口附近河流的多年平均流量或平水期平均流量，具体划分方式如表 3.3-2 所示。

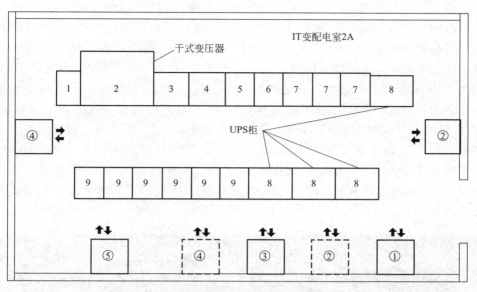

图 3.3-20　变配电室新的热管空调布置形式

<table>
河流规模划分　　　　　　　　　　　　　　　　　　　表 3.3-2
</table>

河流规模	平均流量（m³/s）
大河	≥150
中河	15～150
小河	<15

在确定某项具体工程的地面水环境调查范围时，应尽量按照排放后可能的达标范围，具体如表 3.3-3 所示。

不同排入量时河流环境调查范围　　　　　　　　　　　表 3.3-3

污水排放量（m³/d）	大河（km）	中河（km）	小河（km）
＞50000	15～30	20～40	30～50
50000～20000	10～20	15～30	24～40
20000～10000	5～10	10～20	15～30
10000～5000	2～5	5～10	10～25
＜5000	<3	<5	5～15

通过东江站实测的水文参数分析可知，小东江的河流规模属于中河。当前东江湖数据中心建设规模为 18000 台机柜，按照平均每台机柜 4kW 计算，同时考虑包含其他产热设备（按冗余系数 1.2 计），则总的产热量 $Q = 18000 \times 4 \times 1.2 = 8.64 \times 10^4 \text{kW}$，由此冷却湖水的热平衡关系式可得：$Q = c_p \cdot m \cdot \Delta t$，$\Delta t$ 取 5℃，则质量流量 $m = 4228 \text{kg/s}$，体积流量即为 $4.228 \text{m}^3/\text{s}$。即东江湖数据中心冷却水排放量为 $365300 \text{m}^3/\text{d} > 50000 \text{m}^3/\text{d}$，由表 3.3-3 可得该工程地面水环境的调查范围应为 20～40km。受限于计算资源，实际

进行数值模拟时选择下游 20km 范围；同时为了使来流速度分布更符合实际情况，选择上游大拐弯前较平缓位置（距离东江湖数据中心约 1.5km）；为方便计算结果影响范围的分析，将整体研究段分为上游段、中游段及下游段，整体计算域如图 3.3-21 所示。利用 ANSYS-Fluent 软件对排入河流的热水进行温度场数值模拟求解，根据平均水深情况（均值 6m），其水深尺寸远小于宽度及长度尺寸。因此，将实际三维流动传热简化为二维，即如图 3.3-21 所示河面几何结构，根据河流平均流量为 $136\text{m}^3/\text{s}$，水面宽为 160m，则模型入口流速为 0.148m/s，平均水温为 12.9℃，模型出口为自由出流。数据中心取水及排水大致位置如图 3.3-21 所示。根据上述计算得到的取、排水体积流量，假定排水口为水面长 1m、水深 6m 的矩形孔（与二维简化相对应），则取水口及排水口的流速为 0.705m/s，取水温度为 12.9℃，排水温度为 17.9℃。河道设置为壁面无滑移边界条件。

图 3.3-21　东江湖数据中心排入水影响区域选取示意图

针对东江湖数据中心远景规划，计划扩容至 200000 台机柜，总的产热量 Q 为 $9.6\times10^5\text{kW}$，换热温差取 5℃，则质量流量 $m=45714\text{kg/s}$，体积流量为 $45.714\text{m}^3/\text{s}$。根据计算得到的取、排水体积流量，假定排水口为水面长 1m、水深 6m 的矩形孔，则取水口及排水口的流速为 7.62m/s，取水温度为 12.9℃，排水温度为 17.9℃。

查询小东江的姊妹河春陵水（小东江下游段偏西 20km 左右）的水温资料如图 3.3-22 所示，其历年平均水温为 18.3℃，由此可知小东江兴建水库前的水温也应处于 18.3℃左右，而当前 12.9℃的平均水温是由于兴建水库后水深增加引起较明显的水温分层作用的结果。因此，向小东江下游水体适度排入热量能够起到一定程度的热修复作用。

模拟计算得到的温升区间的包络范围统计结果如表 3.3-4 及图 3.3-23 所示。可以看到，在当前东江湖数据中心建设规模下（18000 台机柜，每台机柜 4kW），热排水热修复范围主要集中在 0.0～0.2℃温升范围，全域面积占比达 93.52%，且上、中、下游均有大面积分布，此后，在 0.2～0.4℃温升热修复范围全域面积占比急剧降低至 3.78%，1.0～5.0℃温升热修复范围全域面积占比为 1.33%，且基本集中在上游河段的 1.0～2.0℃温升热修复范围。在远期规划的东江湖数据中心建设规模下（20000 台机柜，每台机柜 4kW），其所造成的热修复范围主要集中在 1.0～2.0℃温升范围，全域面积占比达 94.59％，热修复后的水体温度范围为 13.9～14.9℃，小于春陵江的平均水温 18.3℃。此外，该温度区间范围在上、中、下游均有大面积分布，此后，在 2.0～5.0℃温升范围全域面积占比急剧降低至 0.05％，0.0～1.0℃温升范围全域面积占比为 5.36％，且基本集中在上游河段的 0.0～0.2℃温升范围。综合来看，与其姊妹河春陵江相比，数据中心建设能够对小东江水温起到一定的热修复作用，且不会对水质产生任何影响。

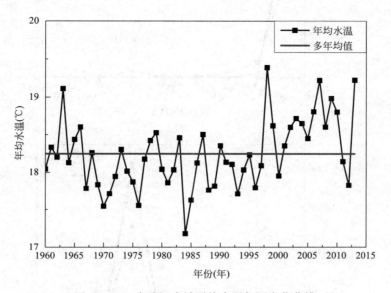

图 3.3-22　春陵江水域平均水温年际变化曲线

18000 机架的河水温升包络范围（单位：m²）　　　　　　　　　　　表 3.3-4

机架规模	区段	温升区间（℃）								
		0～0.2	0.2～0.4	0.4～0.6	0.6～0.8	0.8～1.0	1.0～2.0	2.0～3.0	3.0～4.0	4.0～5.0
18000 机架	上游	1017960	139610	38651	14128	7315	58756	170	24	2
	中游	1609100	27371	0	0	0	0	0	0	0
	下游	1502260	0	0	0	0	0	0	0	0
	占比（%）	93.52	3.78	0.88	0.32	0.17	1.33	0.00	0.00	0.00
200000 机架	上游	220728	8457	5263	450	1589	1037950	2172	61	2
	中游	0	0	0	0	0	1636440	0	0	0
	下游	0	0	0	0	0	1502260	0	0	0
	占比（%）	5.00	0.19	0.12	0.01	0.04	94.59	0.05	0.00	0.00

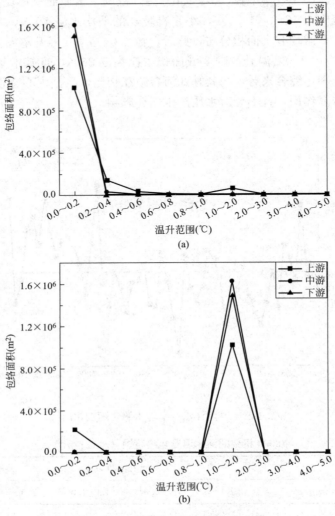

图 3.3-23 包络范围随温升变化曲线

（a）18000 机架；（b）200000 机架

3.4 在东江湖建设大型数据中心的规划和可能的节能潜力

3.4.1 东江湖建设大型数据中心区位规划

大数据产业园位于郴州资兴市，该市为湖南"两型社会"示范城市、郴州市市域次中心城市、现代工业文明城市、生态宜居旅游城市。历来是粤港澳大湾区的"后花园"，是湖南"先行先试"、改革开放的高地。地处东部沿海地区和中西部地区过渡带、长江开放经济带和沿海开放经济带结合部，位于粤港澳大湾区、长株潭、武汉等数据活跃爆发城市群的中间区域，处于长沙、广州等地高铁 1h 经济圈内，500km 可以辐射到粤港澳、长株潭、武汉城市群和南昌、桂林等地，可为整个湖南乃至华中、华南提供服务，区位优势明显。

3.4.2　电力与水资源规划

　　丰富的冷水资源是资兴市大数据产业的核心优势。东江湖大数据产业园紧靠优质水冷资源，东江湖面积 160km²，蓄水量 81.2 亿 m³，水温常年保持在 8～13℃，可以作为服务器散热冷源。东江湖大数据中心经过三年多正式运营测定，年均 PUE 值低于 1.2，远远低于目前全国数据中心平均值，也低于内蒙古自治区的 1.28 和贵州省数据中心的 1.56，节能达 45％以上，大大降低数据中心运营成本。规划一期设置 2 个集中供冷站房，一个位于方舟路北侧，另一个位于资兴大道北侧，出水口位于鲤鱼江水电站大坝西侧。二期设置一个集中供冷站房。供冷站房冷水机组采用 N＋2 配置确保系统可靠、供冷、供热管网采用环状布置方式。一期规划沿站前路、竹园路、莲花路、桂花路、资兴大道设置 DN1000～1200mm 2N 冷水供回水管，1 组 DN400mm 供热供回水管，沿其他城市道路敷设 DN600～800mm 冷水供回水支管和 DN200～250mm 热水供回水支管（见图 3.4-1）。

图 3.4-1　供冷站规划示意图

　　园区周边 10km 以内分布有多座水力、火力发电站，装机容量共 261 万 kW，还有500kV 变电站 1 座、220kV 变电站 2 座，110kV 变电站 4 座，是全国首批 106 个增量配电业务改革试点项目之一。规划两座 220kV 变电站同时供电，可实现"双市电"接入，同时配置 UPS 电池组和柴油发电机。110kV 高压线沿主干路铺设，均为高架线路，规划沿城市主次干道地下敷设 10kV 及以下电力电缆，形成电力环网，为依托 500kV 郴州东变和大东江电厂为电源点的单环网加强型结构。此外，新组建的电力有限公司已于 2019 年 7 月初运营，通过发展分布式能源，以及积极争取省、市财政补贴等措施，积极争取降低电价。对于大数据产业园此类重大项目，通过"一事一议"的办法确定优惠电价，满足入园重点数据中心电价方面成本控制的要求。

3.4.3 网络规划

网络方面，东江湖大数据产业园区 2500G 专线带宽已实现直连国家骨干网。三大运营商宽带已接入园区，东江湖大数据中心接入到中国电信"京—汉—广"核心骨干网，成为湖南电信第三个互联网骨干节点，电信天翼云平台已入驻，接入带宽达到 1520G，部署直达国际路由。三大运营商可以根据项目业务需求开通直连港澳带宽，基本满足了东江湖大数据中心网络传输需求。同时，园区通过发展数据中心，已带动一批数据研发应用、创投孵化、网络安全、移动互联网＋、电商企业和增量配电、能源中心站等园区基础配套设施项目入驻，有力推动了园区产业发展和资兴市经济转型升级（见表 3.4-1）。

在建数据中心及配套规划 表 3.4-1

序号	项目名称	任务内容	投资规模	实施期限
1	东江湖大数据产业园增量配售电工程	公用电网新建 220kV 变电站 2 座,新增变电容量 1680MVA。新建 220kV 线路 6 条,总长度 79.8km	60 亿元	2020～2022 年
2	东江湾水资源综合开发及循环利用能源站建设项目	借助东江湖天然水冷资源,将可再生能源作为低品位冷热源,采用湖水直供的方式为大数据产业园内数据中心供冷,采用水源热泵技术对园区内的其他民用建筑实施供冷(热)	2.58 亿元	2020～2021 年
3	骨干网络优化项目	完善园区连接衡阳的光纤骨干直连通道建设,直连带宽达到 500Gbps	2 亿元	2020～2025 年
4	互联网数据专用通道建设项目	建设园区直连武汉、粤港澳等地互联网数据专用通道,提升互联网数据传输能力	5000 万元	2020～2022 年
5	5G 商用网络部署	加快 5G 商用网络三种应用场景在园区的全覆盖	5000 万元	2020～2025 年
6	数据中心集群区域品牌打造项目	占地面积 4500 亩、容纳 20 万个机架、500 万台服务器规模的数据中心和 1000 家以上互联网企业的东江湖大数据产业园。借助大数据基础平台,引进数据研究、云计算、软件设计、电商总部和电子制造等上下游产业,打造全国最节能环保的大数据产业示范基地	200 亿元	2020～2025 年
7	易信科技项目	占地 100 亩,建设 4 栋共 8000 个机架的数据中心、酒店、创投中心等	10 亿元	2020～2023 年

序号	项目名称	任务内容	投资规模	实施期限
8	东江湖大数据中心(绿色数据园中心)项目	机楼 1.6 万 m²、共 3000 个机架已于 2017 年 6 月投产运营。获得国际组织 UPTIME 的 M&O 运维能力认证、中国数据中心产业发展联盟 2018 年"优秀数据中心"、2018 年"创新节能数据中心"称号,中国电信集团授予"钻石五星级机房"。阿里巴巴、腾讯、深圳网宿科技、长沙政务云灾备、中国电信、中国联通、湖南省电子政务云外网平台灾备、长沙银行等行政企事业单位批量进驻服务器	4.5 亿元	2015~2022 年
9	重点大数据项目建设工程	推进湖南省大数据灾备中心、湖南省政务数据中心、湖南省国土资源厅地理信息数据灾备中心等项目建设。推进有色金属数据交易中心建设,促进全国有色金属数据资源在东江湖大数据产业园存储汇聚	5000 万元	2020~2025 年

3.4.4　节能潜力分析

1. 末端节能潜力

在东江湖数据中心现有的数据机房中,其空调末端均为机房精密空调 CRAH,送回风方式则采用冷通道封闭的地板集中送风形式。该方式虽然能显著减少局部热点,解决冷热气流掺混所带来的问题,但在实际运行及测试中,仍存在送风阻力过大、风量分配不均、无法实现精确制冷等诸多不足,导致精密空调风机长时间高转速运行,从而产生不必要的末端输送能耗。

为了解决上述问题,东江湖数据中心尚未运行的数据机房以及大数据园区内在建的数据中心,未来可将背板空调作为为主要的末端形式,从而减少末端输送能耗,从而进一步挖掘全自然湖水冷却系统的节能潜力。由于背板空调靠近热源制冷,风阻及风机能耗有所降低,以二层 M1 模块机房为例,以单机柜功耗 6kW,送风温度 23℃ 计算,单台背板空调风机总功率为 160~200W,则 198 台背板空调总消耗功率为 31.68~39.6kW,对比正常运行 11 台机房精密空调的总功率为 75.7kW,采用背板空调可节约末端风机能耗 36kW 左右,$GCOP$ 可提升 44%。

此外,由于背板空调的机房温度场分布均匀,在规范要求及服务器正常运行的允许范围内,可以适当提高背板空调末端的出风温度。冷却末端方式的改进,可以进一步提高冷水供水温度的要求上限,提升了使用自然冷源的安全裕度和保证率。

2. UPS 节能潜力

UPS 损耗可分为变压器损耗、滤波电感损耗及开关损耗。东江湖数据中心 UPS 型号为 Emerson Libert NX 系列,2N 冗余设计。由于该数据中心现阶段的总机架负载率仅为 10.8% 左右,UPS 处于超低负载下运行。根据 UPS 相关技术参数及实测可得,此工况下的 UPS 功率因数为 0.68～0.87、电源转换效率为 83％～87％，从而导致 UPS 损耗较高。若负载率＞80％时，UPS 的功率因数将＞0.98，电源转换效率为 87％～90％，冷却系统 GCOP 降低 0.8％，数据中心总能耗降低 1％。

此外，大数据园区内的部分数据中心拟对高压直流电源系统进行试点。高压直流电源采用模块化配置，没有逆变电路内部整流模块等系统组件均为并联设置，可以灵活调整模块开机数量，从而使电源负载率保持在较高水平。因此，高压直流电源具有可靠性高、功率因数高、转换效率高、电源损耗低、节省建设投资和维护成本等优点。在东江湖数据中心当前的超低负载工况下，若采用高压直流电源，其功率因数大于 0.95、转换效率大于 92％、热损耗降低 20％以上。从而使得电源系统总消耗功率降低 10％以上，变配电室冷负荷降低 20％以上，冷却系统 GCOP 降低 1.5％，数据中心总能耗降低 2％以上。

3. IT 设备节能潜力

IT 设备是数据中心的核心部分，也是数据中心能耗的重要组成之一。根据相关统计及东江湖数据中心实测发现，IT 设备的负载分布存在较大的不均匀性，且平均负载率仅为 30％左右，而在低负载下，IT 设备的供电、运行效率也处于较低水平；同时，IT 设备集群的负载不均匀性与气流组织的温度场不均匀性相叠加，会进一步导致局部热点的恶化和冷量的不必要浪费，从而变相增大机房空调的能耗。因此，提升 IT 设备的能效水平，对挖掘数据中心的节能潜力有着重要影响。

因此，IT 设备可采用基于热感的负载调度技术，实现空调系统运行效率的提升，减少空调系统能耗。根据相关研究，基于服务器进风温度和芯片温度的 IT 设备负载调度技术，通过对工作热环境较差的 IT 设备减少运行负载（如布置在机柜底部和顶部的 IT 设备），并协同优化送风量和送风温度，可在负载率＜50％的情况下，显著降低 IT 设备热状态的不均匀性，避免过热及过冷，进一步实现数据中心冷却系统能耗降低 10％，GCOP 提升 3.2％。

4. 水泵节能潜力

东江湖数据中心的湖水取水系统主要由一台型号为 KP1415 的大型提升水泵与一台型号为 KP8015 的小型提升水泵组成；在冷水系统中，采用两台型号为 KP80172-17A069 的冷水泵（一用一备）将冷却后的冷水送回数据机房。同时，为了适应服务器动态负荷的变化，水泵采用变频调速运行。

然而，在现阶段实际运行工况下，由于服务器上架率较低，数据中心处于低负荷工况下运行。因此，湖水侧仅开启一台小型提升水泵取水，且长时间处于 30Hz 的最低频率下，水泵无法随负荷的变化继续降低其转速，此时变频器效率、电机效率和水泵效率均处于较低水平，导致节能效果不佳。因此，若在数据中心远期满负荷运行时，大型提升水泵与小型提升水泵将同时开启，此时水泵频率能正确适应数据中心负荷的变化，且均能在最佳工况下运行。与现阶段相比，预计冷却系统 GCOP 可提高 10.9％以上。

此外，在现阶段实际运行工况下，湖水温度完全满足数据中心冷却需求，且数据中心排水未对水体环境产生不利影响，因此湖水换热温差仍有提升空间。若湖水侧换热温差提升至 5℃，冷水侧换热温差也进行相应提升，预计湖水流量及冷水流量可分别减少 20％、60％，冷却系统 GCOP 可提高 21％。

3.4.5　经济性分析

1. 初投资分析

以东江湖数据中心一期部分负荷运行为例，1 台 4420kW 冷水机组投资 120 万元，4 台冷却塔投资 101 万元，冷却系统相应的管路、水泵及工程投资 100 余万元，冷水机组工程初投资共计 320 余万元。若以远期满负荷运行为例，需要配置 4 台 4420kW 冷水机组及相应冷却塔、冷却水泵，相应工程投资 1200 余万元。东江湖数据中心完全采用全湖水自然冷却，无需采用机械制冷机组作为湖水的替代冷源，而仅采用蓄水池作为应急备份，可以节省工程初投资约 1200 余万元。

2. 运行费用分析

根据资兴市东江湖湖水的自然条件，在数据中心远期满负荷运行时，对比传统冷水机组与东江湖湖水全自然冷却技术，作如下分析：若采用全冷水机组冷却模式，按照 $PUE=1.5$ 计算，冷却系统的运行能效 $GCOP$ 按照 3.7 计算，空调系统的年运行耗电量约为 2745 万 kWh；而采用湖水作为自然冷源供冷，冷却系统的运行能效 $GCOP$ 按照目前测试值 11 计算，空调系统的年运行耗电量约仅为 923 万 kWh，可节省用电量 1552 万 kWh 左右，减少用电量 57%。按照目前园区实际电价 1 元/kWh 计算，一年相当于节约电费 1552 万元。

3.5　本章小结

东江湖数据中心采用小东江湖水作为冷源，是一种长期的、稳定的、可持续的自然冷源，低温湖水经板式换热器制取冷水为服务器降温，换热后的湖水经密闭管道排放至小东江下游，整个过程不对湖水水质造成影响，不影响水体的周边环境和生态。此外，系统配置高压水冷离心机组及配套设施作为备用，配置两个 180m³ 的蓄冷罐，当湖水制冷量不足或湖水不能使用时，开启集中式冷水系统，确保空调制冷连续不中断。东江湖数据中心冷却系统创新性地采用低温湖水源，实现全年无主机自然冷却。为了实现数据中心全年自然冷却，需要对自然冷水的储水量、水温、径流量以及水质等进行全方位的调研。

该数据中心自 2017 年建成投入使用以来，全年完全采用东江湖水作为冷源，实现全自然冷却运行，冷水机组只在定期巡检时开启。目前，数据中心的负载率仅为 10% 左右，处于低负载工况运行，湖水泵及冷水泵处于低效运行状态，实测年平均 PUE 值为 1.18。可以预测，随着未来负载率的持续增加，冷却系统 $GCOP$ 仍存在较大的提升空间。

通过对东江湖数据中心的全面测试调研，从初投资及运行效益上分析，完全湖水自然冷却方案可以减少冷水机组及冷却塔的初投资，同时可以大幅降低数据中心冷却系统的运行费用。

东江湖数据中心仍存在能效提升的途径：

（1）IT 设备用房采用房间级精密空调的冷却末端，在实际运行及测试中，仍存在送风阻力过大、风量分配不均、无法实现精确制冷等许多不足，导致精密空调风机长时间高转速运行，从而产生不必要的末端输送能耗；

（2）辅助用房采用水冷热管空调，实际运行及测试中发现，靠近主要热源（变压器和

UPS）的性能更加优越，辅助用房的空调布置仍存在提升空间；

（3）目前低负载运行工况下，湖水泵和冷水泵长期处于单台最低频率下运行，湖水侧换热温差为 4℃，而冷水侧换热温差只有 2℃，换热温差仍有待提高，水泵输送能耗存在较大的降低空间；

（4）IT 设备负载分布未进行优化，若将 IT 负载分布和冷却系统控制参数进行联合优化，将存在较大的节能潜力。

第4章 蒸发冷却型冷源

4.1 利用蒸发冷却技术制备冷风

为节约数据中心冷却系统电耗，在室外气象条件较好时，各类系统都充分利用自然冷却实现数据中心冷却。利用室外新风制备冷风对数据中心进行排热的几种方式如表4.1-1所示。

利用室外新风制备冷风对数据中心排热的方式　　　　　　　　　　表 4.1-1

方式	冷却技术	冷源温度	特点	适用范围
1	直接引入室外新风（直接风侧经济器）	室外干球温度	影响机房湿度；引入灰尘；自然冷却时间短、风机能耗高	适用于空气质量好、半湿润气候、小型数据中心
2	利用室外新风对机房回风降温（间接风侧经济器）	室外干球温度	自然冷却时间短；空间大，成本高，占地大；风机能耗高	适用场合较少
3	新风直接或间接蒸发冷却制备冷风	室外湿球温度（直接蒸发冷却；间接蒸发冷却，室外风作为二次风）；室外露点温度（间接蒸发冷却，送风的一部分为二次风）	影响机房湿度，带来灰尘；风机能耗高	适用于空气质量好、干燥气候、小型数据中心
4	新风直接蒸发冷却方式，冷却回风	室外湿球温度	占用空间大，成本高，占地大；风机能耗高；	适用于干燥气候、小型数据中心

方式1和方式3为引入室外新风的方式，方式1由于直接引入室外新风，其冷源温度为室外空气干球温度，自然冷却时间短；方式3利用室外新风进行直接或间接蒸发冷却后送入机房内，其冷源温度为室外湿球温度或露点温度；这两种方式室外空气湿度会直接影响机房湿度，并且会引入室外灰尘，并且由于以风为载冷介质，风机电耗高，仅适合室外空气质量好的小型数据中心。

方式2和方式4是利用空气-空气换热器通过新风对回风降温的方式，其中方式2是直接利用室外空气对回风降温，其冷源温度为室外空气干球温度；方式4是利用新风侧的直接蒸发冷却过程通过风—风换热器冷却回风，其冷源温度为室外空气湿球温度；这两种方式均利用风—风换热器实现对回风的降温，风—风换热器的换热系数低，设备和风道体积大，占用空间大，成本高，风机电耗高，很难用于大型数据中心的冷却。

方式4目前在国内一些小型数据中心中被采用，称作"间接蒸发冷却空调机组"，而实质上其内部是室外空气和水直接接触的直接蒸发冷却过程来冷却回风，新风的蒸发冷却通道为湿通道，回风的等湿降温过程为干通道，其本质上是直接蒸发冷却技术，冷源为室外空气的湿球温度，应与一般意义上的利用一次空气进风或一次空气出风的一部分作二次风的间接蒸发冷却技术有所区分。其原理图如图 4.1-1 所示。

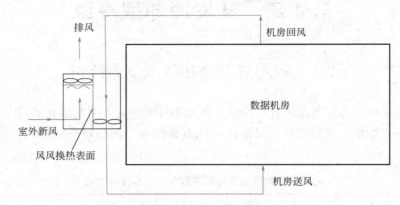

图 4.1-1　新风直接蒸发冷却方式，冷却机房回风

如图 4.1-1 所示的利用新风直接蒸发冷却，通过风—风换热器对回风进行降温的蒸发冷却方式，正如上所述，其冷源温度为室外空气湿球温度，与冷却塔制备出冷水，再通过冷水对机房回风进行冷却的方式相比，其冷却效果要差一些，原因是图 4.1-1 中的风-风换热很难做成纯逆流方式，并且风—风换热器换热系数比风—水换热要低很多，需要非常大的换热面积才能达到与风—水换热相当的效果。若考虑冷却塔制备的冷水不能直接用来冷却回风，一般通过水—水板式换热器将冷量传递给闭式循环的水侧，再通过闭式循环的冷水冷却回风，如图 4.1-2 所示，这样相比图 4.1-1 的方式，会多一个换热环节，但是水-水换热的换热系数比风-风换热高至少 2 个数量级，即便考虑此换热环节，当投入同样的换热面积成本时，图 4.1-2 所示的冷却系统的冷却效果仍然优于图 4.1-1。换言之，在同样的气候条件下其自然冷却时间要长于图 4.1-1 的系统。或者图 4.1-1 为达到和图 4.1-2 相

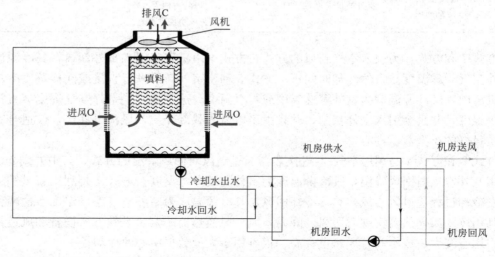

图 4.1-2　利用冷却塔制备冷水实现机房排热的系统

同的冷却效果，其换热面积成本要高出很多。并且，图 4.1-1 所示系统的实际工程，需要在机房附近有足够的空间来安装蒸发冷却设备，风道会比较复杂，导致风机电耗高，相比图 4.1-2 所示的以水为载冷介质的系统，灵活性要差很多。因此，图 4.1-1 所示的系统仅适合规模小的机房，对于大型数据中心，设计时要谨慎，从各个角度分析，其并不适用。

4.2　利用蒸发冷却技术制备冷水

4.2.1　利用直接蒸发冷却技术制备冷水

利用直接蒸发冷却制备冷水的技术就是利用冷却塔制备冷水，通过冷水对机房回风降温，如图 4.1-2 所示，即大型水冷系统的自然冷却模式。利用冷却塔制备冷水的极限温度为室外空气的湿球温度，当湿球温度和露点温度相差较大时，即室外空气的相对湿度较低时，相比间接蒸发冷却制备冷水的方式，其出水温度高，自然冷却时间短，并不占优势。并且，用于寒冷地区数据中心冬季自然冷却时，还会面临较严重的结冰问题（后文详述）。因此，利用直接蒸发冷却制备冷水，比较适用于非寒冷地区，且室外空气相对湿度相对偏高的地区，一般作为机械制冷排热用冷却塔，或者冬季的自然冷却（自然冷却模式如图 4.1-2 所示）。

4.2.2　利用间接蒸发冷却技术制备接近室外露点温度的冷水

延长自然冷却时间是数据中心冷却系统节电的主要措施之一，而进一步降低可以获得的自然冷源的温度是延长自然冷却时间的关键。直接蒸发冷却技术通过不饱和空气和水之间直接接触，通过水蒸发对水和空气降温，可以将自然冷源的温度自室外干球温度降低至室外湿球温度。而间接蒸发冷却技术通过在空气—水直接接触进行直接蒸发冷却过程之前先对空气进行等湿降温，从而降低空气的湿球温度，使得利用间接蒸发冷却技术可以制备低于室外湿球温度、极限为室外露点温度的冷水。因此，相比直接蒸发冷却技术，利用间接蒸发冷却技术能进一步延长自然冷却时间。而在大型数据中心应用间接蒸发冷却技术，核心是利用间接蒸发冷却制备冷水，从而在干燥地区替代电制冷机作为数据中心冷却系统的独立冷源，或者在夏季湿度高一些的地区在过渡季和冬季替代电制冷机实现数据中心的自然冷却。

利用间接蒸发冷却技术制备冷水的流程如图 4.2-1 所示。

间接蒸发冷却冷水机组主要由空气冷却器和填料塔所组成，其制备冷水的原理如图 4.2-1 所示。室外空气首先经过空气—水进风冷却器被填料塔出水的一部分等湿冷却，之后进入填料塔，和喷淋水直接接触进行传热传质过程，水蒸发吸收汽化潜热进入空气中，空气被加热加湿后排出填料塔，冷水最终被冷却之后输出填料塔。冷水出水被分成两股，一股进入空气冷却器冷却进风，另外一股送入用户实现用户的排热。间接蒸发冷却制备冷水的过程在焓湿图上的表示如图 4.2-1（b）所示，由于室外空气在与水直接接触进行直接蒸发冷却之前首先被等湿降温，空气的湿球温度降低，制备出的冷水温度首先可低于室外空气的湿球温度。当空气冷却器中空气与冷水的显热换热过程满足流量匹配时，即进

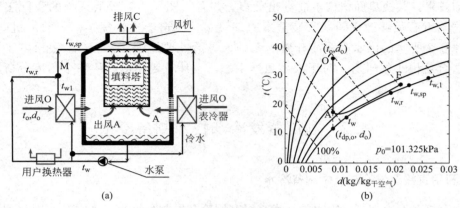

图 4.2-1　间接蒸发冷却制备冷水的原理

（a）流程图；（b）制冷过程示意

风的流量与空气比热的乘积等于进入空气冷却器的冷水流量与冷水比热的乘积；且当填料塔中空气与水的热湿交换过程也满足流量匹配，即进风的流量与空气的等效比热的乘积等于喷淋水流量与冷水比热的乘积；此时当空气冷却器和填料塔的传热传质面积足够大时，该间接蒸发冷却过程制备出冷水的极限温度可以接近室外空气的露点温度。间接蒸发冷水机组制备出冷水的实际温度处在室外露点与室外湿球的平均值，如图 4.2-2 所示。

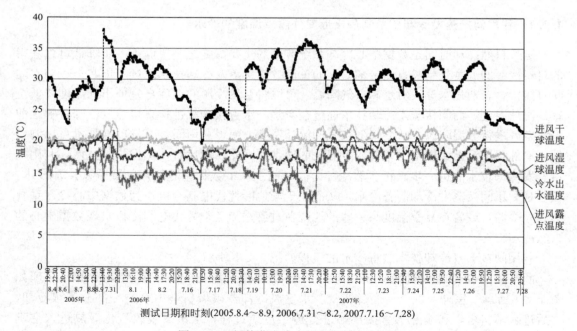

测试日期和时刻(2005.8.4～8.9, 2006.7.31～8.2, 2007.7.16～7.28)

图 4.2-2　间接蒸发冷水机组实测出水温度

我国西北地区室外气候干燥，湿球温度与露点温度之差可达 10℃ 以上，当数据中心要求的冷水温度足够高时，建设在西北地区的大型数据中心可以实现全年的自然冷却。

在西北地区，当冷水设计温度足够高时，间接蒸发冷水机组可以作为独立冷源实现数据中心的全年自然冷却；而在中部地区和东北地区，夏季空气湿度比西北地区高，无法利用间接蒸发冷水机作为独立冷源实现自然冷却，但过渡季和冬季可以利用间接蒸发冷水机制备冷水实现自然冷却。利用间接蒸发冷水机，由于可以制备出低于室外湿球温度、处在室外湿球和露点平均值的冷水，在中部地区和东北地区，延长了数据中心冷却的自然冷却时间，降低冷却系统电耗。

表 4.2-1 考虑夏季露点温度最高的工况，给出了西北地区几个典型城市数据中心冷却系统利用间接蒸发冷水机实现全年自然冷却可制取的冷水供水温度（此时冷却水供回水温差为 5℃，冷却水和冷水之间换热的板式换热器的最小换热端差为 1K）。

西北地区几个典型城市夏季露点温度最高工况和相应的冷水温度要求　　　表 4.2-1

城市	大气压(Pa)	干球温度(℃)	露点温度(℃)	冷水供水温度(℃)
西宁	77090	26.2	17.9	20
兰州	84440	25.6	18.9	21
乌鲁木齐	90370	30.4	19.4	22
呼和浩特	88560	26.7	21.6	23.5
银川	87720	33.5	21.6	24

图 4.2-3 给出了间接蒸发冷水机与常规冷却塔比较的一个算例，可以看出，室外空气相对湿度越低，常规冷却塔出水温度与间接蒸发冷水机出水温度的差别越大，室外空气相对湿度越高，二者差别越小。当相对湿度高于 80% 时，间接蒸发冷却与直接蒸发冷却的出水温度接近，此时没有必要采用间接蒸发冷却技术。当相对湿度在 70% 左右时，冷却塔出水温度与间接蒸发冷水机出水温度相差 1K 左右。因此，是否采用间接蒸发冷却技术，取决于所在区域的室外气象条件，若全年室外相对湿度较低的时间段很短，大部分时间都处在相对湿度较高的时段，此时不应采用间接蒸发冷却技术，比如我国南方全年比较潮湿、干燥时段较短的地区，而具体相对湿度的分界（比如 70% 或 60%）以及时长再针对具体工程做详细的技术经济分析。

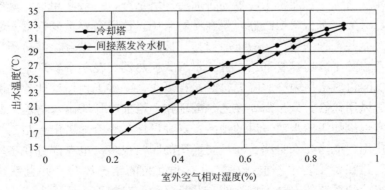

图 4.2-3 间接蒸发冷水机组与常规冷却塔的比较

注：室外干球温度为 34℃，填料塔 $NTU=3$。

4.3 在冬季利用间接蒸发冷却塔防止冷却塔结冰

4.3.1 北方数据中心用冷却塔的结冰现象

在北方地区利用水冷制冷系统，还有一个比较大的问题是冬季冷却塔结冰问题。如图 4.3-1 所示，冬季冷却塔运行，实现自然冷却，此时冬季冷却塔的进风面极易结冰，进风面持续结冰会堵塞进风通道，从而使得冷却塔无法实现排热功能，影响数据中心冷却系统安全可靠运行。空气进风面极易结冰的原因是在进风面空气和水是叉流流动关系，进风面空气流量是全部的进风量，而水量仅为喷淋到进风面的一小层水量，进风面处于风多水少的情况，当风温较低时，进风面极易结冰。

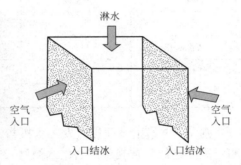

图 4.3-1　冷却塔空气入口结冰现象

4.3.2 已有的冷却塔冬季防结冰的方法

已有的研究提出了多种方法防止冷却塔结冰，常用的有电伴热方法，利用电伴热防止冷却塔水槽等位置的结冰，但利用电伴热的方式电耗首先会比较高，更重要的是电伴热的方式很难对冷却塔进风进行加热，很难解决冷却塔空气进口处的结冰问题。

目前还有一种比较流行的实现冷却塔冬季防冻的措施是冬季改用干冷器，干冷器中采用乙二醇循环实现防冻。乙二醇干冷器与普通冷却塔结合，一般是单设一套空气—乙二醇干冷器盘管和乙二醇—水板式换热器，仅在冬季采用，这样需要重复投资一套乙二醇换热装置。目前还有一些工程采用乙二醇干冷器与间接蒸发冷却塔结合，间接蒸发冷却塔中设置一组空气—乙二醇干冷器盘管和乙二醇—水板式换热器，在冬季实现室外空气对乙二醇降温，之后乙二醇再对机房内冷水降温排热；在夏季，一些工程设计此乙二醇干冷器盘管同时作为预冷进风用盘管，只是需要在乙二醇环路上增加冷却塔出水与乙二醇换热的板式换热器，间接实现冷却塔出水对进风的预冷；这种设计冬季冷却塔出水与乙二醇换热的板式换热器不再使用，成为死水管路，而且切换用的阀门很多，也有部分在冬季成为死水管路，这些死水管路在冬季若水不能排净，将有非常大的结冻风险。并且系统切换非常复杂，降低了机房冷却系统的安全可靠性能。并且这种乙二醇干冷器的方式有一个很大的弊端，就是很难应对日较差较大的情况。而北方冬季大部分城市日较差都较大，如图 4.3-2 所示，如果按照白天工况设计干冷器，干冷器的面积就非常高，使得干冷器投资很高，大部分情况干冷器面积不足够大，这样白天需要开喷淋过程利用冷却塔排热，晚上开干冷器，这就使得白天、晚上频繁切换，导致系统晚上需要排水，白天需要灌水，不仅增加了运行操作的复杂性，对阀门的可靠性要求也很高，严重影响了数据中心冷却系统的安全可靠运行。并且，这种频繁的切换也会出现较多的死水管路，导致结冰冻管。因此，冬季利用乙二醇干冷器并不是防冻的可靠措施，反而增加了系统的复杂性，导致部分管路更易结冻。

另外，还有些研究采用闭式冷却塔实现冬季防冻，夏季开启喷淋水，冬季停止喷淋，利用闭式塔的盘管作为干冷器直接和室外风进行换热。但是闭式冷却塔的方式仍然无法应对日较差较大的情况。

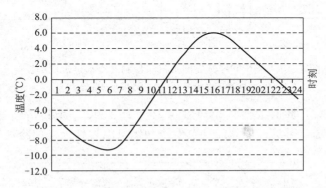

图 4.3-2　冬季日较差较大的室外工况（以呼和浩特冬季某天为例）

4.3.3　利用间接蒸发冷却塔彻底避免冷却塔结冰的方法

利用间接蒸发冷却塔可以彻底实现冬季的防冻，其系统原理图如图 4.3-3 所示。有两种形式的流程：一种是并联形式的流程，另一种是串联形式的流程。并联形式的流程的夏季制冷原理已在上文阐述过。对于串联形式的流程，如图 4.3-3（b），是利用与机房冷水换热之后的冷却水回水进入表冷器与室外空气进行换热，之后冷水再在填料塔中与喷淋水接触进行蒸发冷却过程。

而冬季的工况，以图 4.3-3（b）的串联流程为例，此时冷却水的回水温度与机房回水温度接近，二者之间仅差一个板式换热器两侧的换热端差，一般处在 14℃ 之上，此时冷却水回水进入空气冷却器时，可以使室外空气升温至 10℃ 之上，此时空气再进入喷淋塔与水接触进行蒸发冷却过程时，就不再有结冰现象。此时实际上是利用机房的排热加热室外风，从而彻底避免结冰现象的发生。对于图 4.3-3（a）所示的并联流程，其利用的是冷却水出水使表冷器进风升温，冷却水出水温度一般在 10℃ 之上，也可以将空气加热至 10℃ 附近，避免了填料塔中喷淋水的结冰现象，但由于利用的是冷却水出水，其温度比冷却水回水温度低 4～5K，因此串联流程冬季的防冻效果会优于并联流程。

图 4.3-4 给出了一个极端低温的室外空气状态下（-40℃），利用间接蒸发冷却塔的防冻效果，此时利用的是串联流程，冷却水回水温度为 14℃，由于室外空气温度极低，此时已经不再需要开启风机，依靠热压通风的风量已经满足排热需求。如图 4.3-4 所示，利用间接蒸发冷却塔可以在室外温度为 -40℃ 的情况下，利用冷却水回水通过表冷器将室

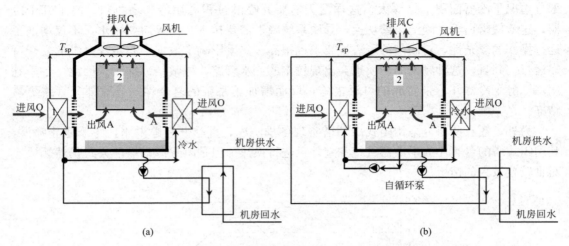

图 4.3-3　利用间接蒸发冷水机流程制备冷水排走机房热量
(a) 并联形式的流程；(b) 串联形式的流程

外空气加热到 13.8℃，此时表冷器出风湿球温度为 2.5℃，填料塔喷淋水温为 11.1 ℃，冷水出水温度为 10℃。可见，依靠间接蒸发冷却塔可以较好地实现冷却塔防冻。

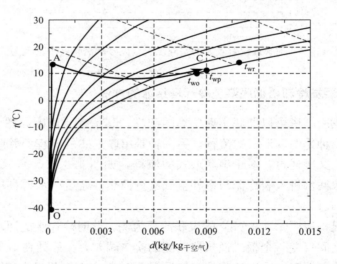

图 4.3-4　间接蒸发冷却塔在室外温度为 −40℃ 下的排热过程举例

4.3.4　哈尔滨利用间接蒸发冷却塔实现数据中心冷却塔防冻的示范工程

为了验证间接蒸发冷却塔应用在数据中心冬季防结冰的效果，在哈尔滨某数据中心建立了示范工程。该示范工程的间接蒸发冷却塔设计水量为 120t/h，间接蒸发冷却塔（5.4m×3.1m×6m）采用串联流程设计，利用冷却水回水通过表冷器对室外空气升温。为了控制冷却水出水温度稳定，为间接蒸发冷却塔的排风机设置变频器，根据室外温度控制风机变频器的频率，当室外温度低时，降低风机频率，一直到停止风机；当室外温度高时，适当增大风机频率，从而保证稳定温度的冷却水出水。

图 4.3-5 给出了该间接蒸发冷却塔的照片，图 4.3-6 给出了间接蒸发冷却塔风机及其变频器的设置。

图 4.3-5　用在哈尔滨示范工程的间接蒸发冷却塔照片

图 4.3-6　风机变频控制水温稳定

该间接蒸发冷却塔自 2019 年 12 月运行至今，实现了在室外温度为 -25℃时的零结冰，彻底避免了常规冷却塔的结冰现象。图 4.3-7～图 4.3-9 展示了间接蒸发冷却塔内部参数的运行状态。由图 4.3-7 可见，在间接蒸发冷却塔变频风机的控制下，冷却水出水温

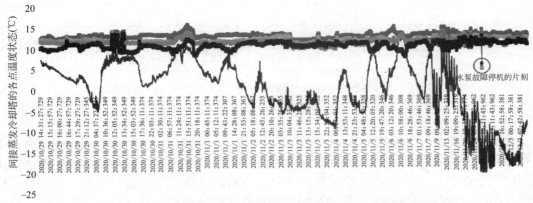

图 4.3-7　2020.11～2020.12 间接蒸发冷却塔的运行状况

度稳定在该机房要求的 10℃ 左右，而其表冷器出风和表冷器出水都稳定在 11～12℃ 之间，安全可靠地实现了利用间接蒸发冷却塔为机房排热，且冷却塔不结冻。图 4.3-8 所示为测试得到的最低温度的工况，当室外温度低至 -25℃ 时，间接蒸发冷却塔仍然可以可靠稳定运行，且无任何结冰现象。

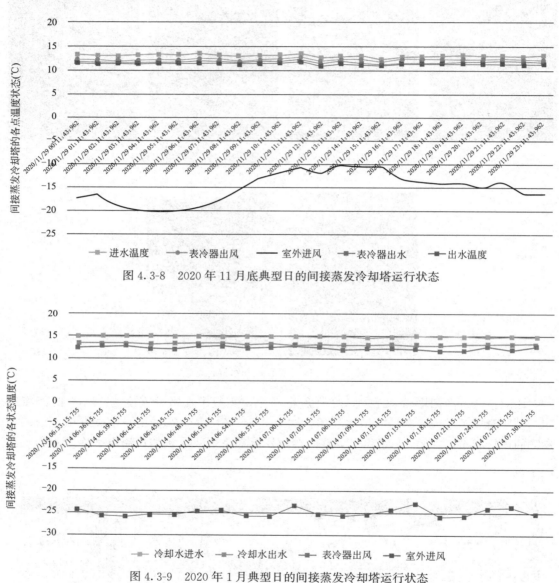

图 4.3-8　2020 年 11 月底典型日的间接蒸发冷却塔运行状态

图 4.3-9　2020 年 1 月典型日的间接蒸发冷却塔运行状态

该示范工程是一个改造工程，该工程原本也设计了间接蒸发冷却塔的系统，但是由于中标企业不懂间接蒸发冷却塔的防冻原理，将表冷器设计成了纯叉流状态，表冷器内部水流速度低于 0.2m/s，导致刚开始运行时部分表冷器就出现了结冰冻管现象，使得该工程所设计的 27 台间接蒸发冷却塔仅能按照常规冷却塔模式运行，结冰现象非常严重。而经过 2019 年的改造之后，将表冷器从纯叉流状态改为准逆流状态，保证水管内的水流速度，从而保证了表冷器内的水不冻，成功实现了间接蒸发冷却塔本应具备的防冻功能。因此，间接蒸发冷却塔的防冻设计，不仅是依靠表冷器通过冷水回水加热进风使得填料塔的喷淋水过程不结冰，也要对表冷器进行正确合理的设计，才能保证表冷器不结冻，这样整个间接蒸发冷却塔才能彻底实现防冻。

4.4　间接蒸发冷却与机械制冷的结合

以上讨论了利用间接蒸发冷却实现数据中心全年自然冷却的方式，以及利用间接蒸发冷却塔彻底避免冬季冷却塔的结冰。而当夏季间接蒸发冷却制备的冷水高于数据中心要求的冷水温度时，间接蒸发冷却需要与及机械制冷相结合，为数据中心提供冷水。图 4.4-1 给出了间接蒸发冷水机组与机械制冷相结合的系统。

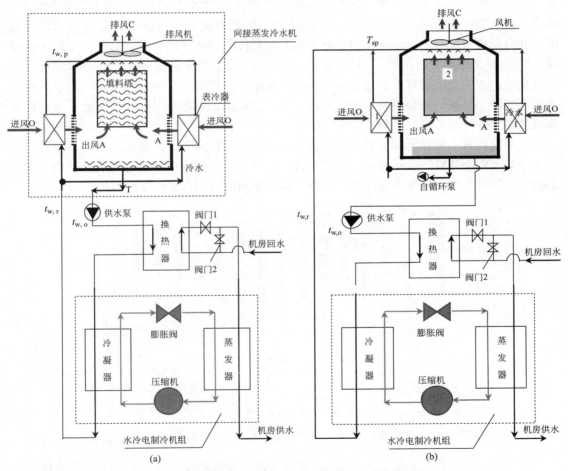

图 4.4-1　间接蒸发冷却塔与机械制冷方式相结合的系统
(a) 串联式间接蒸发冷水机组与电制冷结合；(b) 并联式间接蒸发冷水机组与电制冷结合

如图 4.4-1 (a) 所示，间接蒸发冷水机组制备的冷水首先经过换热器与机房回水进行换热，之后冷水出水进入电压缩制冷机的冷凝器带走冷凝器排热，之后冷水出水回到间接蒸发冷水机的表冷器与室外空气进行换热，表冷器的冷水出水最终回到间接蒸发冷水机组的填料塔顶部喷淋，与空气接触进行蒸发冷却过程，最终制备出冷却水出水。图 4.4-1（b）的系统流程与图 4.4-1（a）相似，不同的仅是图 4.4-1（b）用的是并联式的间接蒸发冷水机组，表冷器中用于和空气换热的冷水来自于间接蒸发冷水机组自身制备冷水的一部分。

如图 4.4-1 所示的系统，当室外空气高温潮湿，利用间接蒸发冷水机组制备出的冷却水出水温度高于机房冷水回水温度时，应关闭阀门 1，开启阀门 2，使得冷却水不再和冷水换热，而是直接进入冷机的冷凝器为冷凝器排热，此时间接蒸发冷水机组仅作为电制冷机组的冷却塔使用，但和普通冷却塔不同的是，此时间接蒸发冷水机组制备出的冷却水温度可低于室外湿球温度，从而可以降低电制冷机的冷凝温度，提高电制冷机的 COP，降低其电耗。当室外空气变得干燥时，利用间接蒸发冷水机组制备出的冷却水出水温度低于机房冷水回水温度但是高于机房冷水出水温度时，可以开启阀门 2，关闭阀门 1，由间接蒸发冷水机组和电制冷机组联合制冷，间接蒸发冷水机组协助承担冷水的部分降温任务，将冷水回水温度进行预冷，之后冷水再经过电制冷机的蒸发器制冷至要求的冷水供水温度，此时间接蒸发冷水机组既承担电制冷机的排热任务，又承担冷水的部分降温任务。进而，当室外空气继续变干时，利用间接蒸发冷水机组制备出的冷水温度低于冷水温度，且二者之差高于二者通过板式换热器的最小换热端差时，利用间接蒸发冷水机组可以承担冷水的全部降温任务，开启阀门 2，关闭阀门 1，电制冷机可关闭，利用间接蒸发冷水机组实现数据中心冷水的自然冷却。

该系统还有一个显著的优势，就是在上述三个模式切换时，仅需切换冷水侧的两个阀门，冷却水侧不切换，全年以一个模式运行，从而完全避免了死水管路，结合间接蒸发冷水机组的防冻特性，使得该系统全年（包括冬季在内）都能安全可靠地运行。

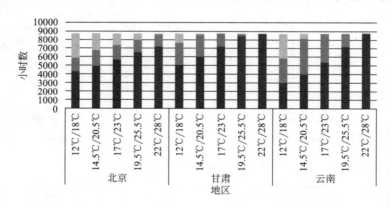

图 4.4-2 不同地区、不同冷水温度，间接蒸发冷却自然冷却时长汇总

图 4.4-2 给出了间接蒸发冷水机组（并联方式）与电制冷相结合的系统在不同地区运行时各模式的时间长短，图中甘肃地区选择的城市是兰州，云南地区选择的城市是昆明，其中冬季模式代表的是利用间接蒸发冷水机组作为独立冷源的自然冷却模式，过渡季模式指的是间接蒸发冷水机组与电制冷联合制冷模式，夏季模式指的是利用电制冷机制冷、间接蒸发冷水机组作为电制冷机冷却塔排热的模式。由图 4.4-2 可以看出，冷水设计温度越高，自然冷却时间越长；冷水设计温度越高，机械制冷时间越短。当冷水供/回水设计温

度达到 22℃/28℃时，兰州和昆明等地可以实现全年自然冷却，将大大降低数据中心冷却系统电耗。

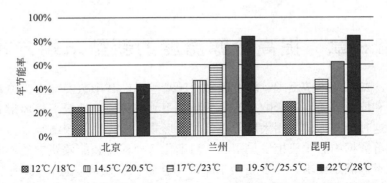

图 4.4-3　间接蒸发冷却与机械制冷结合的方式与普通水冷系统相比的节能效果

图 4.4-3 给出了间接蒸发冷却与机械制冷结合的系统与普通水冷系统相比的节能效果，该联合系统与普通水冷系统相比，节能率在 20%～80% 之间变化，冷水设计温度越高，节能效果越明显。可见基于间接蒸发冷水机组的数据中心冷却系统有较大的节能潜力和广阔的应用前景。

第 5 章　提高冷源温度的新型末端方式

　　数据中心冷却系统由蒸发端、输配段和冷源端组成，其中蒸发端作为冷却终端对数据中心的热环境和能效有着直接影响。传统的数据中心采用架空地板下送风形式，冷却终端为精密空调，这种冷却形式采用大风量小焓差的形式，能耗一般较高且容易出现冷热气流掺混现象。随着数据中心单机柜发热密度、精细化管理程度和能效要求的不断提高，传统精密空调已经难以满足要求，许多新型末端冷却技术逐渐出现，包括列间空调冷却技术、热管背板冷却技术和服务器级冷却技术等。对于末端为空气冷却的形式，发展新型末端的目的就是通过改善机房内部气流组织，以减小送风阻力和风量，降低送风温度与服务器进风温度之间的最大温差。实现这一目标的关键是机房均匀供冷和缩短送风距离，避免出现冷热气流掺混和局部"热点"，这样就有可能减小送风阻力和风量，并依靠较高的送风温度实现有效冷却。减小风阻和风量可降低末端风机的能耗，而较高的送风温度可以使用较高的冷源供水温度，延长自然冷源利用时间，即便是利用机械制冷，也因为较高的冷水需求温度而提高蒸发温度，从而获得较高的冷机效率。本章以实际数据中心应用案例为基础，对新型末端冷却技术进行介绍，分析其系统原理、适用范围及实际应用效果。

5.1　不同末端方式的差异性分析

5.1.1　末端方式对能耗的影响

　　传统数据中心的精密空调一般安置在单独的空调送风室或机房内部的一侧，送风距离较远，送回风压差大，一般采用大风量的运行模式。而空调风机的耗功量由压差和风量决定，压差越大、风量越大，则风机功耗越高。因此，传统精密空调末端形式由于送回风压差大、风量大导致其运行功耗通常较高，且这种机房级的送回风方式容易造成冷气短路、热风回流和负压回流等冷热气流掺混现象[①]，虽然采用大风量的运行模式，但实际流经机柜服务器的风量却大打折扣。与传统精密空调的冷却方式不同，列间空调布置在机柜之间，对邻近机柜内的 IT 设备供冷，因此，列间空调冷却技术的冷却气流路径缩短，气流掺混现象更少，制冷对象更为具体。当机房换热量和送回风温差固定时，即风量保持不变，由于列间空调比精密空调的送风距离短，风机压差更小，因此，列间空调风机的功耗可以更低。在机柜级冷却方式中，将空调末端直接嵌入到机架柜门对 IT 设备进行冷却，将一个机柜作为冷却单元，这使得送风距离进一步缩短，风机压差减小，风机功耗随之降低。对于更节能的服务器级冷却，冷却系统的蒸发端直接与产热元件相接触，采用接触换热的方式，无需风机驱动空气换热，可实现末端零功耗换热。

---

① 何仲阳. 数据中心热环境数值模拟与优化［D］. 北京：清华大学，2013.

随着信息技术集成度的提高，单机柜功率不断增加，若要保持空调送回风的温差不变，则需要提升风量以满足换热需求。对于传统精密空调末端形式，将导致其风机功耗急剧增加，与此同时冷热气流掺混现象更为严重，因此精密空调末端形式一般应用在单机柜功率较小的机房。对于更高单机柜功率的情况，若想减小风机功耗的增幅，则缩短送风距离、降低送回风压差是一个有效的方式。因此，随着单机柜功率密度的提升，改为采用列间空调、热管热板及服务器级冷却方式，可有效提升末端能效。为了对比不同末端冷却形式的风机能耗，以一个包含 32 个机柜的机房为例，图 5.1-1 所示为传统精密空调、列间空调和热管背板这三种冷却方式的机房布局和最远送风距离示意图。假设三种冷却方式单机柜发热功率相同，按送回风温差均为 10℃计算，不考虑气流掺混问题，整个机房的总送风量是相同的，但由于精密空调末端形式送风距离最长，列间空调次之，热管背板冷却最短，因此其送风阻力逐渐减小，送回风压差也逐渐降低；而风机功耗与风量和送回风压差均呈正相关关系，故在总风量相同的条件下，精密空调末端形式风机功耗最高，列间空调次之，热管背板冷却的风机功耗最低，系统能效最高。

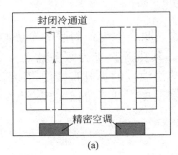 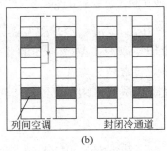 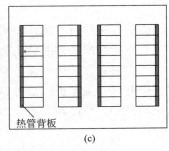

图 5.1-1　三种末端形式送风距离示意图

（a）传统精密空调；（b）列间空调；（c）热管背板

5.1.2　末端方式对冷源温度的影响

末端方式从传统的机房级精密空调末端发展到列间级的列间空调冷却、机柜级的背板冷却和服务器级的冷却，其冷却形式从空气冷却转变到液体冷却，其中机房级、列间级和机柜级属于空气冷却，服务器级属于液体冷却。对于空气冷却的末端方式，从机房级到列间级再到机柜级，其冷却单元逐渐减小，送回风距离逐渐缩短，冷热气流掺混现象不断减少，使得送风温度与服务器进风之间的温差逐渐缩小，图 5.1-2 所示为传统精密空调下送风形式的典型气流组织图，由于负压回流和热风回流现象的存在，导致精密空调的送风在进入服务器之前先和温度较高的回风进行掺混，从而使得服务器进风温度比精密空调送风温度高 4~8℃。而列间级空调进行了冷热通道封闭，若在没有安装服务器的机柜处安装盲板，阻断热风回流的通道，可有效避免冷热掺混现象，缩短送风与服务器进风之间的温差；机柜级空调更是直接将末端与服务器封在一个机柜里，若能根据单机柜功率合理调节风量，可做到整个机房温度均匀，杜绝冷热掺混现象，使得空调末端送风温度与服务器进风温度几乎保持一致。因此，列间级和机柜级的空调末端送风温度可比精密空调送风温度高 4~8℃，从而可提升冷水供水温度，提升冷却系统整体能效。

从空气冷却到液体冷却的转变，其冷却方式发生了质的变化。空气冷却的末端形式对

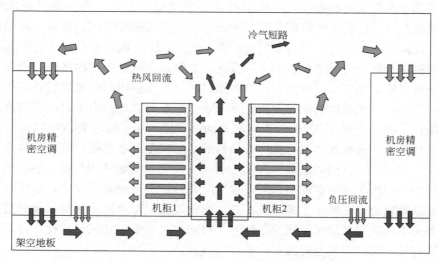

图 5.1-2　传统精密空调下送风形式气流组织示意图

机房内的气流进行冷却，再用冷却后的气流去冷却服务器，其热源为空气；而服务器级冷却方式直接对服务器芯片进行冷却，取消了空气冷却的环节，其热源直接为服务器芯片，与空气温度相比，服务器芯片温度通常高达 40℃以上，由于热源温度的提升直接使得冷源温度提升，一般来说，服务器级冷却系统可用最高 40℃的冷源温度，几乎可以实现全气候区域的全年自然冷却。

5.2　列间空调冷却技术

5.2.1　系统形式

列间空调冷却技术是一种以两列机柜为冷却单元的冷却技术，与传统下送风形式的精密空调相比，列间空调冷却技术可取消架空地板结构，将精密空调制成列间形式置于机柜之间，通常以两列机柜为一个单元，进行冷通道或热通道封闭。按照冷却介质的不同可以分为水冷列间空调和热管列间空调两类，其传热流程相似，列间空调作为末端蒸发器与冷凝器（板式换热器）相连，冷凝器再与冷水系统相连。

将列间空调置于机柜之间，从热通道吸入热风，热量被管内的工质吸热后向冷通道吹入冷风，机柜从冷通道按需吸入相应的冷风进行设备冷却。水冷列间空调一般会配置冷量分配单元（UDC），热管列间空调一般采用双管路双系统设计，提高系统运行可靠性，列间空调系统示意图如图 5.2-1 所示。

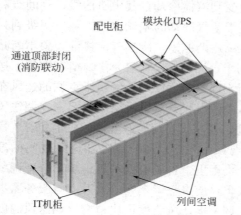

图 5.2-1　列间空调系统示意图

列间空调冷却技术可实现模块化部署，具有以下特点：

(1) 靠近热源，机柜内吸收 IT 设备后的热空气直接进入列间空调，送风距离短；

(2) 适用于中低密度数据中心；

(3) 根据机房整体布局，可兼容封闭冷通道或热通道；

(4) 采用列间级制冷模式，无局部热点，相比传统集中式送回风形式的冷却系统可提高冷源温度约 5℃；

(5) 模块化部署，可集机柜、制冷、供配电、管理等子系统为一体。

与传统精密空调系统相比，列间空调冷却技术取消了精密空调的设置，可提升机房的机柜装机率，但列间空调置于机柜之间，依然会占用部分机柜的空间，为了进一步提升机柜装机率，可采用顶置式列间空调方案。顶置式列间空调安装于热通道或冷通道的顶部，以两列机柜为模块进行部署（见图 5.2-2），根据机房整体热环境的需求，可兼容封闭冷通道或热通道。由于顶置式列间空调不占用机柜空间，可提高机柜装机率 10%～20%。

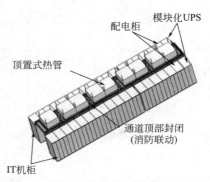

图 5.2-2　顶置式列间空调系统示意图

5.2.2　性能测试

1. 水冷列间空调

广东某数据中心采用水冷列间空调末端形式，该机房单机柜功率实测约为 5 kW。该数据中心冷却系统采用了微模块架构封闭系统，全部由冷水型列间空调供冷，封闭冷通道，单个微模块布局如图 5.2-3 所示，水冷列间空调系统示意图如图 5.2-4 所示，冷水主

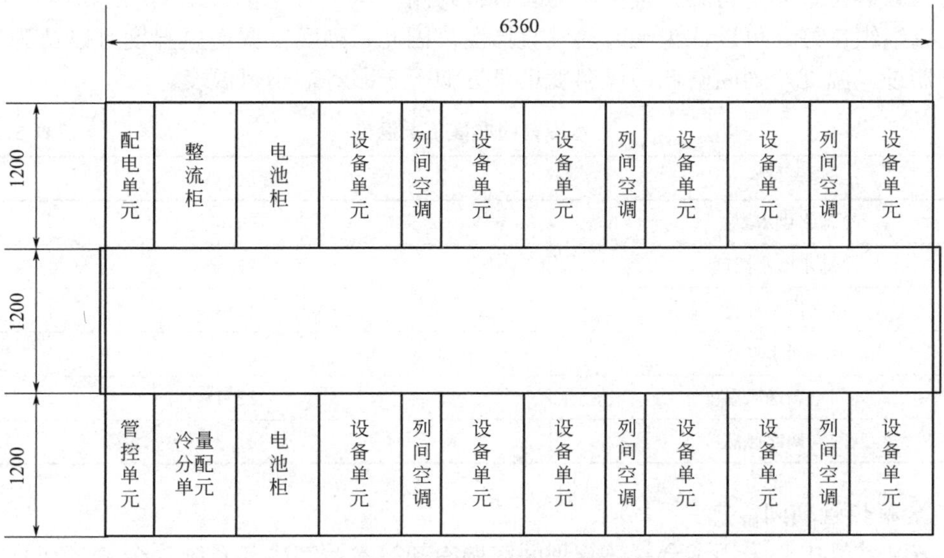

图 5.2-3　水冷列间空调微模块布局示意图

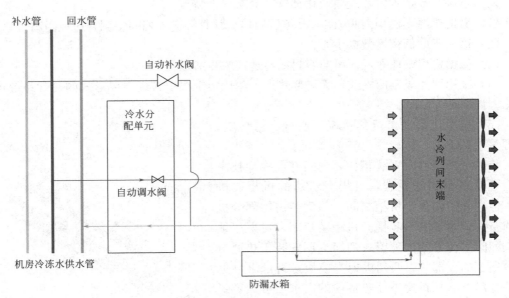

图 5.2-4　水冷列间空调末端系统示意图

供水管路进入微模块的冷量分配单元，末端设定出风温度值，由自动调水阀的开度分配进入每个水冷列间空调的水量，从而保证冷通道的温度，实现对冷量的按需分配，管路全部布置在微模块下方，并设置防漏水箱。设定送回风温差值，通过自动调节风机转速保证设定的冷热通道温差，避免不必要的送风量。尽量提高冷通道的温度，提高冷却系统效率。

考虑到系统运行工况的稳定性，选取了无自然冷却切换条件下的运行工况进行分析，测试时室外干球温度 25.8℃，湿球温度 18.3℃。分别对冷却水供回水温度、冷水供回水温度以及列间空调的送回风温度进行了监测和记录，典型工况数据如表 5.2-1 所示。测试时现场服务器布置非常密集，且空位均有盲板封闭，虽然有少量备用列间空调未开启，但整体气流组织良好，可以认为无冷热气流掺混。因此，列间空调送风温度可以认为近似等于服务器进风温度，列间空调回风温度也可近似等于服务器出风温度。

水冷列间典型工况温度　　　　　　　　　　　　　　　　表 5.2-1

测点位置	温度（℃）
冷却水供水温度	19.5
冷却水回水温度	25.4
冷水供水温度	13.3
冷水回水温度	20.4
列间空调送风温度	22.4
列间空调回风温度	41.8

2. 全氟热管列间冷却

北方某数据中心采用了全氟热管列间空调冷却技术，其冷却系统为全氟冷却系统，列间空调直接与室外机连接，没有中间换热环节，单机柜服务器功率为 3 kW，封闭热通道，实际机房照片如图 5.2-5 所示。

图 5.2-5　全氟热管列间空调冷却系统照片

夏季对该数据中心列间空调的冷却效果进行了测试,选取中间(列间空调 Dc2 和机柜 D6)和两端(列间空调 Dc3 和机柜 D10)两个典型位置的列间空调和机柜进行了热环境测试,测试期间室外温度约为 26℃,负载和空调系统全部开启。分别在机柜的进风面和排风面各布置两个测点,分别在列间空调的回风面和出风面各布置两个测点,将各面的两个温度取平均视为该处的温度值,各点温度变化如图 5.2-6 所示。由于该机房布局是列间级与机柜级混合布局,列间级采用热通道封闭,整个机房保持冷环境,测试时,列间级机柜未安装盲板,存在一定程度的冷热气流掺混现象,由图 5.2-6 可以看出,机柜进风温度比列间空调出风温度升高约 2.5℃,表明热风回流现象较少,气流组织较好。

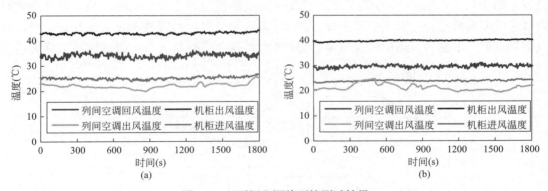

图 5.2-6　列间空调热环境测试结果

(a) D6 机柜和 Dc2 列间空调;(b) D10 机柜和 Dc3 列间空调

5.3　热管背板冷却技术

5.3.1　系统形式

热管背板冷却技术是一种机柜级冷却技术,将背板换热器嵌入到服务器机架柜门对服务器进行冷却，其冷却原理与热管列间空调相似，均是以分离式热管为基础，利用氟利昂工质相变排走机房的热量，不同的是其冷却尺度更小，以单个机柜为冷却单元进行冷却，如图 5.3-1 所示。

　　热管背板安装在机架前/后柜门上，以吸收机架中 IT 设备发出的热量。服务器机架出口处的柜门上配置有风机，热管背板将服务器排出的热风吸入柜门，降温后排出，使服务器机架的进、排风温度保持一致，如图 5.3-2 所示。在使用热管背板冷却系统的数据机房中，各通道的温度相同（消除了传统冷却方式中的热通道），有效避免传统空调冷却方式中常见的冷热气流掺混和局部热点问题。

图 5.3-1　热管背板冷却机柜　　　　　图 5.3-2　热管背板机柜冷却原理示意图

　　热管背板冷却机柜可与常规冷源兼容，用中间换热器连接热管背板机柜和冷源，由于采用的分离式热管为重力式，中间换热器的安装位置需要高于热管背板，一般采用板式换热器。如图 5.3-3 所示，以分离式热管连接中间换热器与热管背板制冷机柜，将分离式热管蒸发端嵌入机柜柜门形成热管背板，制冷工质在热管背板内吸热蒸发变成气态，经过蒸气上升管流入冷凝器（即中间换热器），并在冷凝器内冷凝为液态，通过导液下降管借助

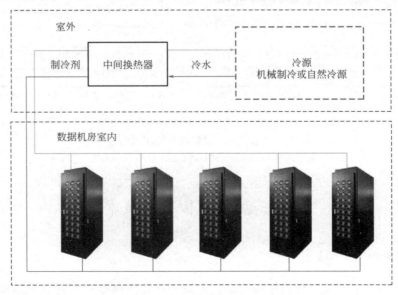

图 5.3-3　热管背板冷却系统示意图

重力回到热管背板继续蒸发；冷凝器释放的热量由冷源系统供给冷水或冷却水排到室外，完成一个循环。

热管背板冷却技术具有以下特点：

（1）分离式热管具有自调节能力，可根据单机柜发热量按需供冷，解决机房局部热点问题；

（2）热管背板安装位置灵活，包括后背板、前后背板、上下背板等多种安装形式，满足不同散热需求；

（3）机柜内服务器产生的热量在排出机柜前先被冷却，机房整体为冷环境，避免了冷热气流掺混，且可有效防止单点故障；

（4）热管背板基于分离式热管，依靠重力完成循环，减少输配能耗；

（5）减少了换热环节，可有效提高冷源温度，降低冷机能耗并延长自然冷源利用时间；

（6）冷却工质为氟利昂，无水进入机房，杜绝水泄漏带来的安全隐患；

（7）节约机房空间，采用热管背板冷却技术时，可取消架空地板构架，机房不需预留常规精密空调的安装空间，提升机房的机柜装机率。图 5.3-4 为典型的热管背板空调机房布局示意图。

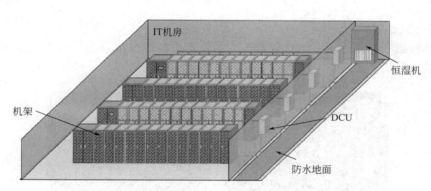

图 5.3-4　热管背板空调机房布局示意图

5.3.2　性能测试

1. 冷水—热管背板冷却

北方某数据中心采用冷水—热管背板冷却系统，其系统示意图如图 5.3-5 所示，由冷水机组或冷却塔制备的冷水在板式换热器中与热管中的气态工质换热，将气态工质冷凝为液体，液体工质回流至热管背板与服务器出风的热风进行热量交换，从而实现机房排热。表 5.3-1 给出了典型工况下的温度分布。

不同工况下热管背板空调散热效果测试结果　　　　　　　　　　　表 5.3-1

测点位置	温度（℃）
冷水供水温度	14.3
冷水回水温度	18.2
背板出风温度	20.2
背板回风温度	24.1

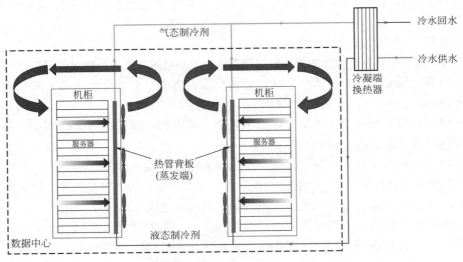

图 5.3-5　冷水—热管背板系统示意图

2. 全氟热管背板冷却

北方某数据中心采用了全氟热管背板冷却技术，热管背板直接与室外机连接，没有中间换热环节，单机柜服务器功率为 6～12kW，机房照片如图 5.3-6 所示。

图 5.3-6　热管背板机柜照片

在过渡季对该机房的热管背板系统运行效果进行了测试。选取中间（E6 机柜）和两端（E12 机柜）两个典型位置的机柜进行热环境测试。分别在机柜进风面、服务器排风面和机柜排风面各布置两个测点，将各面的两个温度取平均视为该处的温度值。测试期间负载和空调系统全部开启，室外环境温度为 3～21℃。机柜监测点温度变化如图 5.3-7 所示，由图可知，机柜级末端的气流组织良好，末端送风温度（机柜排风温度）与机柜进风温度平均相差约 1℃（图中机柜排风温度的周期性起伏是由于过渡季冷源压缩机间歇性启停导致），基本不存在冷热气流掺混现象和冷量浪费现象。

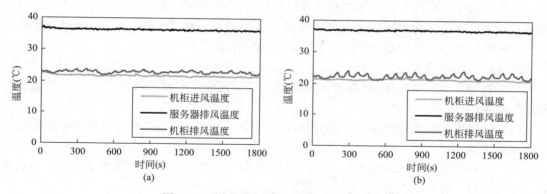

图 5.3-7　热管背板热环境过渡季测试结果

（a）E6 机柜；（b）E12 机柜

5.4　服务器级冷却技术

5.4.1　系统形式

　　服务器级冷却技术是为了解决超高发热密度机柜的散热问题而诞生的一种冷却技术，它将冷却系统的蒸发端直接与服务器的散热元器件相接触，略过空气换热的环节，直接带走服务器产生的热量，实现高效换热。按换热工质不同，可以分为水冷型和热管型，其传热路径大致相同，通过一级回路将热量从服务器中传递到服务器外，再通过二级回路传递到冷水循环或室外环境中。不同的是回路中所用的工质不同，采用水作为冷却介质的系统需要水泵提供循环动力，而采用氟利昂为冷却介质的系统可以依靠重力或热虹吸现象实现无动力的热量传输。本节以热管型的服务器级冷却技术为例进行介绍。

　　双级回路热管冷却系统是一种典型的热管型服务器级冷却系统，如图 5.4-1 所示，该系统由两级回路热管构成，其中一级热管的蒸发端直接与 CPU 等高发热密度元件贴合，通过管内工质相变带走 CPU 散发的热量，一级热管的冷凝端与二级热管的蒸发端通过热插拔的方式将热量从一级热管导热到二级热管，再经过二级热管内工质的相变循环最终排

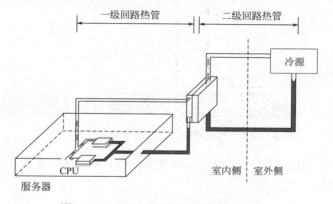

图 5.4-1　双级回路热管冷却系统示意图

放到室外环境中。双级回路热管冷却系统可利用 40℃ 左右的冷源实现对高发热密度元件的散热，几乎可在全气候范围内实现全年自然冷源的利用。对于 IT 设备中其他低发热密度元件，可采用列间级或机柜级冷却的方法将其热量排出。

双级回路热管具有以下优势：

（1）直接从 CPU 等高发热密度元件取热，可实现全年自然冷源的利用，大幅提升冷却系统能效；

（2）两级回路热管之间采用热插拔的方式连接，方便安装与拆卸，可满足服务器维护和更换的需求；

（3）一级回路热管为微热管，二级回路热管为重力式环路热管，均无需额外动力就能完成循环换热，降低输配能耗；

（4）无水进入机房，杜绝水泄漏的安全隐患；

（5）列间级或机柜级冷却系统带走低发热密度元件的热量，同时可作为双级回路热管冷却系统的冗余备份，提高冷却系统的运行可靠性；

（6）整套系统不含阀门、快接插头等活动部件，无泄漏隐患且造价较低。

5.4.2 性能测试

北方某数据中心对服务器级冷却技术进行了示范应用，并对双级回路热管冷却系统进行了效果测试。测试时冷源侧采用水冷的形式，其系统形式如图 5.4-2 所示。服务器芯片通过一级热管冷媒的相变将热量传递给二级热管，二级热管的冷媒在换热器中将热量传递给冷水。测试机柜实物照片如图 5.4-3 所示。

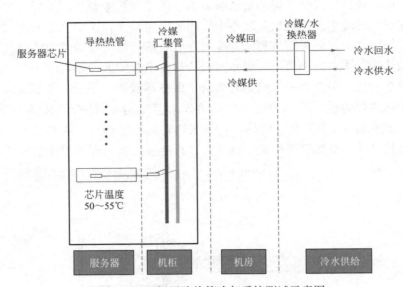

图 5.4-2 双级回路热管冷却系统测试示意图

测试采用基于通用的 X86 服务器，能够在 10～35℃ 环境温度下长时间稳定运行，其详细配置参数如表 5.4-1 所示。

图 5.4-3 双级回路热管冷却系统照片

测试服务器配置表　　　　　　　　　　　　　　　　　　　　　　　表 5.4-1

序号	名称	配置
1	服务器形态	机架式服务器
2	安装方式	19 英寸机架
3	每节点 CPU 数量（实配/最大扩展）	2/2
4	CPU 类型	2 路 E5-2690 v4
5	内存配置	DDR4,8×16GB
6	硬盘配置	1×400G SATA SSD+1×SAS HDD(1.2T 10K 转)
7	网卡	2×GE+2×10GE
8	风扇配置	支持风扇 N+1 冗余
9	液冷单元	由液冷对 CPU 进行散热,其他部分通过风扇进行散热
10	电源	两个 PSU 接口均支持 AC220V 和 DC336V 双电源供电
11	高度	单服务器的平均高度≤2U
12	功耗	单服务器功耗约 400W

　　分别测试了不同服务器进风温度和不同冷水供回水温度情况下,服务器级冷却技术所能维持的芯片温度以及系统能耗情况,表 5.4-2 给出了服务器进风温度为 27℃,冷水供水温度为 25℃,回水温度为 30℃情况下系统的散热和能耗性能。

服务器级冷却系统散热和能耗测试结果　　　　　　　　　　　　表 5.4-2

序号	测试项目	测试结果
1	环境空调耗电量(kWh)	0.14
2	环境空调冷量（kJ）	2.85

序号	测试项目	测试结果
3	服务器级冷却占比	58%
4	冷水泵耗电量(kWh)	0.089
5	冷水温度(℃)	供水 25℃/回水 30.4℃
6	CPU 芯片温度(℃)	61~68℃

5.5 本章小结

本章从数据中心单机柜功率密度、送回风压差、送风量的角度分析了机房级、列间级、机柜级和服务器级冷却末端形式的能效差异，选取了典型工程案例，对列间级、机柜级和服务器级三种新型末端的冷却效果进行了分析。相比传统机房级精密空调末端形式，列间级和机柜级冷却方式可以有效缩短送风距离，减小风机送回风压差，减少冷热气流掺混现象，从而提高冷源温度并控制风机能耗在可承受的范围内，使得冷却系统能效整体提高。而服务器级冷却方式由于采用接触式传热，取消了风机，可实现末端零功耗换热。

第6章 高效冷源设备技术与应用案例分析

冷源设备（机械制冷与自然冷源）是数据中心高效可靠运行的保障，也是传统数据中心冷却系统中能耗占比最大的部分。因此冷源设备的发展趋势主要包括：（1）提高自然冷源利用的比例并提高机械制冷的效率；（2）集成冷却塔、冷却泵、制冷主机等相关产品，提高各项技术和产品的匹配设计与运行控制，形成集成冷站技术与设备；（3）利用蓄能技术既提高冷却系统的可靠性，又有助于电力"削峰填谷"，利用昼夜温差提高冷源系统运行效率，利用峰谷电价降低费用。因此，本章选取高效磁悬浮冷水机组、集成冷站与水蓄冷三项技术，结合其在数据中心中的应用效果加以分析，以供数据中心高效冷源系统设计和运行参考。

6.1 高效磁悬浮离心冷水机组及应用案例分析

6.1.1 磁悬浮离心冷水机组

相对于传统的低压变频技术，磁悬浮技术是近年兴起的变频新技术，主要采用永磁电机和磁悬浮轴承技术，消除轴承由于机械接触产生的摩擦损失而导致的能量损失（见图 6.1-1）。因为电机直接驱动减少传动损失，无油运行，持续高效。

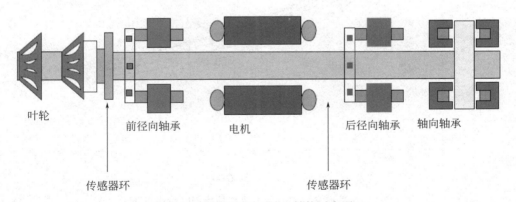

图 6.1-1 磁悬浮压缩机结构示意图

图 6.1-2 为采用磁悬浮离心压缩机的水冷冷水机组，其不同运行条件（冷却水进水温度）下的性能如图 6.1-3 所示。

从图 6.1-3 中可以看出：

（1）高 COP：磁悬浮压缩机的高效率运行范围更大、调节能力更强，因此，采用磁悬浮变频压缩机的冷水机组不仅在额定工况下具有较高的 COP，部分负荷下也具有更好的运行效率，节能效果好。

图 6.1-2　水冷磁悬浮离心冷水机组

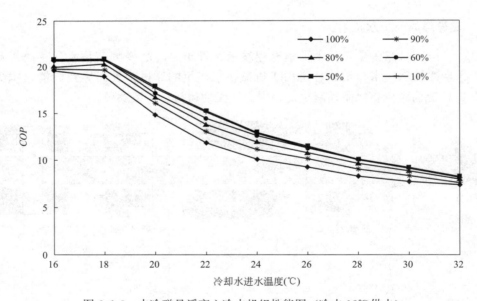

图 6.1-3　水冷磁悬浮离心冷水机组性能图（冷水 12℃供水）

（2）低冷却水进水温度运行：随着冷却水进水温度的升高，冷水机组的 COP 不断升高，可以实现在较低的冷却水进水温度下高效运行（当冷却水温低于一定温度后，可通过旁通方式，使进入冷凝器的水温保持不限，从而保护压缩机安全运行，冷机可维持在高 COP 下继续运行），特别适合数据中心全年运行在过渡季和冬季低环境温度条件下高效运行的要求。

6.1.2　磁悬浮离心冷水机组应用案例介绍

1. 应用数据中心介绍

北京中科云数据中心（见图 6.1-4、图 6.1-5）位于北京中关村，于 2015 年建设完成投入使用。数据中心整体占地面积为 5000m²，机房可用面积为 1000m²，共设有两个机房，同时配有 UPS 室、配电室、监控室以及会议室等；机房地板采用架空方式的抗静电地板，全钢结构支撑，地板铺设高度为 50cm，地板下铺设电源管线，线槽以及一些电气设施。

图 6.1-4　北京中科云计算中心

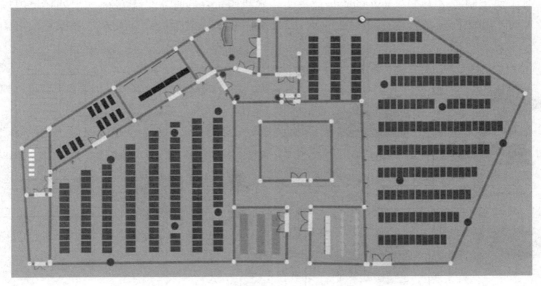

图 6.1-5　中科云数据中心园区平面图

数据中心共有机架 315 个，单机架功率为 7~15kW，通过两路高压供电（总容量 3200kVA）＋UPS＋直流系统＋油机供电系统 2N 供电方案对数据中心进行供电（见图 6.1-6）。

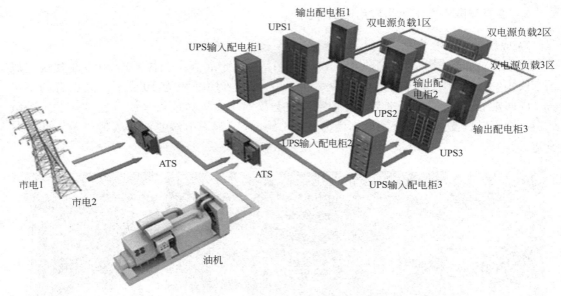

图 6.1-6　中科云数据中心配电系统

2. 冷却系统介绍

（1）冷却系统架构

北京中科云计算中心项目冷却系统为 2N 构架，如图 6.1-7 所示。该项目设计和建成时间较早，在冷却系统方面重点采用了以下几种技术方案：1）制冷主机制冷机组选用 2 台海尔额定制冷量为 1100kW 的磁悬浮离心冷水机组，在冷却水低温条件（室外环境温度较低时）和低负荷率下具有较高的 COP；2）室内侧采用机柜级冷却方式，降低室内末端

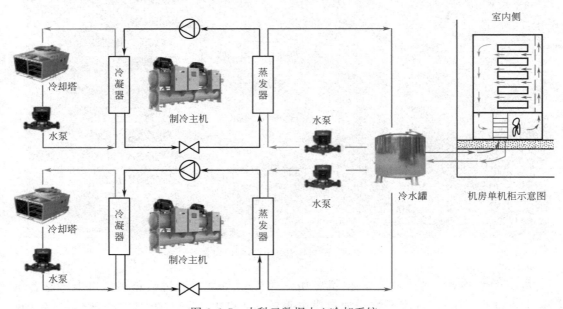

图 6.1-7　中科云数据中心冷却系统

的能耗；3）尝试采用高冷水温度对冷机和室内末端进行匹配，从传统冷机 7℃ 出水提升至 9℃ 出水，可进一步提升冷机的 COP；4）冷水回路采用地下环形冷却管设计，冷水流体为自制油混合物，既具有较高的换热效率，又能保证数据中心 IT 设备的安全。

（2）室内空调末端

服务器机柜采用密闭式机柜级冷却方式，其原理如图 6.1-8 所示，照片如图 6.1-9 所示，机柜热回风经过底部热交换器冷却后，从前门后侧流向服务器，服务器前的均风板可以帮助将冷风更均匀地分配到每台服务器，冷风吸收服务器散热后，热风沿着机柜后门回到底部热交换器，通过柜内小循环达到最佳散热效果。同时，侧面使用保温层防止热量散失，单柜最大制冷量可达 15kW，由于末端风机只是负责冷却空气在服务器内流动，空调末端的能耗也大幅降低。

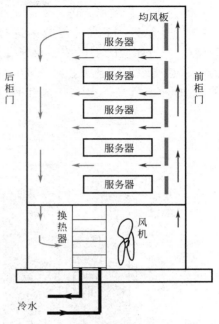

图 6.1-8　机柜级服务器冷却示意图

图 6.1-9　机柜照片

3. 应用效果分析

该数据中心采用冷水 9℃ 供水，全年采用冷机制冷（无自然冷却运行），在冬季室外低温工况时，降低冷却塔风机台数和频率运行。下面针对 2018 年 7 月 1 日 0 点至 2018 年 11 月 30 日 23 点的数据进行具体分析（该数据中心冷却系统供冷量采用冷冻液流量及温差测量结果计算所得）。

（1）月度运行数据分析

对 2018 年 7～11 月运行数据进行累加计算，可以得到逐月制冷量及耗电量（见图 6.1-10），以及相应的主机性能数据（见图 6.1-11）。可以看到，即使在北京最热的 7～8 月份，磁悬浮冷水机组的运行 COP 也都在 10.0 以上，随着室外平均温度的降低，冷水机组的 COP 不断提高，在 11 月机组性能数据达到 18.0 左右。

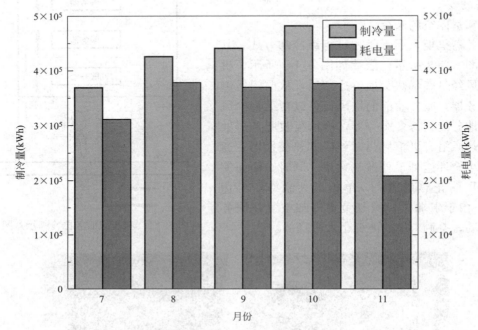

图 6.1-10　冷却系统制冷量及耗电量数据

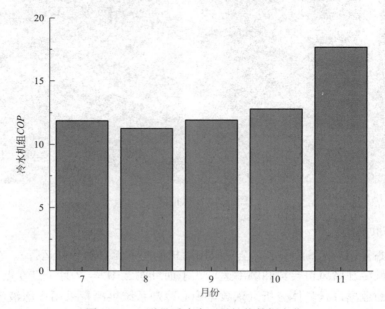

图 6.1-11　磁悬浮冷水逐月性能数据变化

（2）冷水机组逐时性能分析

由于数据中心需要全年不间断运行，根据北京市的全年逐时室外气象参数，该制冷机组全年大部分时间都运行于较低的冷却水进水温度下，相应的压缩机压缩比也较小，如图6.1-12 所示。

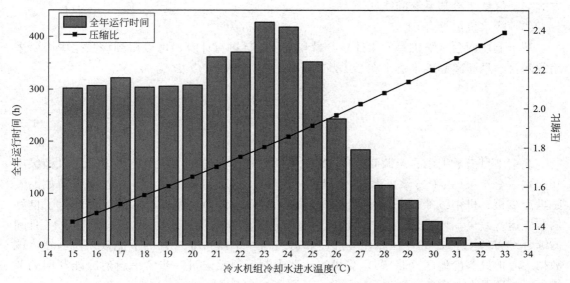

图 6.1-12　中科云数据中心不同冷却水温度全年累计运行时间及压缩比（基于北京气象参数）

图 6.1-13 给出了该磁悬浮离心冷水机组不同冷却水进水温度下的逐时运行性能。从中可以看出，随着进水温度的降低，冷水机组的 COP 逐渐升高，在 32℃左右的冷却水进水温度下，冷水机组的 COP 可以达到 8.0 左右，而在 22℃的冷却水进水温度下，其 COP

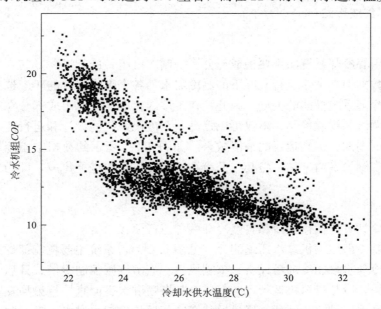

图 6.1-13　冷却水供水温度与主机性能关系

可以达到 20.0 以上。上述结果都表明在低环境温度（冷却水进水温度）和低负荷率下，磁悬浮离心冷水机组可以获得很高的运行效率。

当然，限于当时的技术条件和现场条件，该数据中心并未采用自然冷却模式，而是采用了全年冷机供冷的方式。在室外温度较低时，冷却塔降频运行，通过降低冷却塔能耗的方式来降低整个冷却系统的能耗。

（3）冷水机组综合 COP

基于上述两台压缩机总的累计制冷量和累计能耗进行计算，可以得到该数据中心所采用的两台磁悬浮离心冷水机组在 2018 年 7～11 月间的平均 COP 为 12.69。

$$COP = \frac{\sum\limits_{7}^{11}(Q_1 + Q_2)}{\sum\limits_{7}^{11}(W_1 + W_2)} = 12.69$$

北京中科云数据中心冷源侧采用 2N 架构的磁悬浮离心冷水机组、室内采用机柜级冷却末端，全年采用 9℃冷水供水，无自然冷却运行。该项目所采用的几项技术方案如高效磁悬浮冷机、机柜级冷却末端、高冷冻液温度（7℃→9℃）、油性冷冻液等都取得了良好的节能运行效果。该磁悬浮离心冷水机组在北京的气候条件下，在 2018 年 7 月～11 月间的综合 COP 达到 12.69，在低环境温度和低负荷率下获得非常好的节能效果。当然，该数据中心地处寒冷地区（北京），受机房改造限制等原因未进一步考虑自然冷能利用的节能方式，还具有一定的节能潜力。

6.2　磁悬浮集成冷站及应用案例分析

6.2.1　磁悬浮集成冷站

1. 集成冷站

由于数据中心冷却系统的主要构成部分——制冷机组、冷却塔、冷却水泵、冷冻水泵等都需要满足数据中心全年运行工况下的制冷需求，各个组成部分的匹配选型与运行控制都是影响整个冷却系统性能的关键。因此，在工厂内将上述主要组成部分在工程内进行优化设计、组装调试和智能控制，不仅可以提高整个冷源系统的设计和运行能效，还可以简化现场安装调试周期、提高运行的节能效果。如图 6.2-1 所示的数据中心冷却系统，左侧为冷源系统，右侧为室内末端。将其中的冷源系统在工厂内进行集成，即为集成冷站，如图 6.2-2 所示。

2. 运行模式

上述集成冷站具有机械制冷和自然冷却两种运行模式。

（1）机械制冷即压缩机蒸汽压缩制冷（见图 6.2-3），系统主要耗能部件包括压缩机主机、冷水泵、冷却水泵、冷却塔风机、末端风机。当蒸汽压缩制冷模式开启时，由冷却水泵抽水至冷却塔，冷却塔风机运行，空气与冷却塔喷淋水逆流直接接触换热，冷却水通过部分蒸发，温度得以进一步降低；经过冷却塔冷却后的冷却水供水，进入制冷机组冷凝器中，吸收制冷剂液化放出的热量，机房的冷水回水在制冷机组蒸发器中，通过制冷剂蒸发

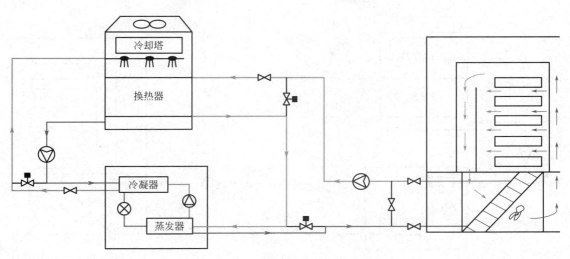

图 6.2-1　数据中心用冷却系统示意图

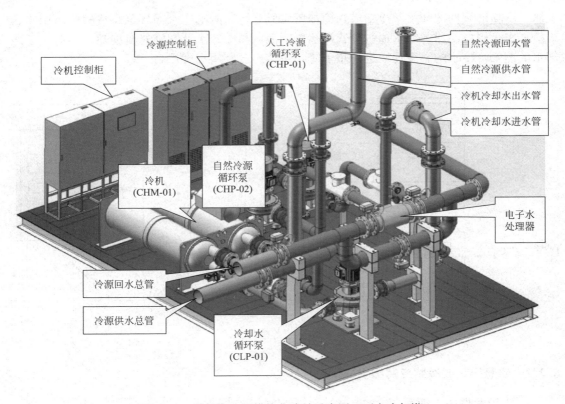

图 6.2-2　数据中心用模块化冷站示意图（不含冷却塔）

吸收热量，得到温度较低的冷水供水。最后制冷剂回到磁悬浮压缩机中压缩，冷水供水进入机房中制冷。

（2）自然冷却模式（见图 6.2-4），依靠闭式塔盘管换热器进行冷水散热，系统主要耗能部件包括冷水泵、冷却水泵、冷却塔风机、末端风机。自然冷却模式运行时，压缩机不

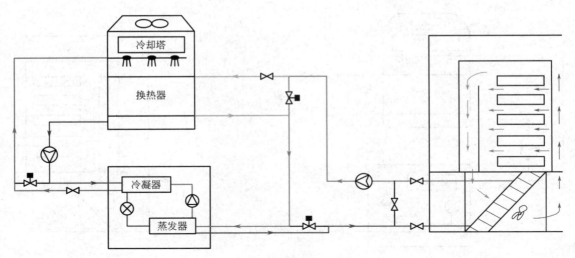

图 6.2-3　机械制冷模式

工作，由喷淋泵抽冷却水至冷却塔，冷却塔风机运行，同时冷水循环泵将机房冷水回水送入冷却塔盘管换热器，冷水通过盘管换热器壁面，与冷却水及空气对流换热，同时由于冷却水的蒸发，冷水的温度得以进一步下降，自然冷源利用程度提高。

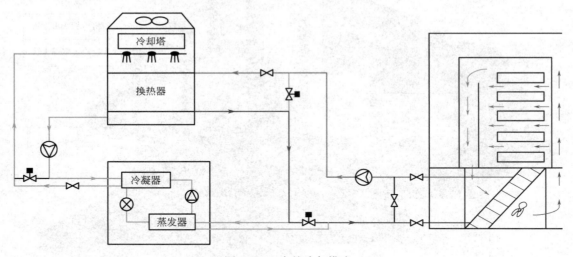

图 6.2-4　自然冷却模式

6.2.2　磁悬浮集成冷站应用案例分析

1. 应用数据中心简介

腾讯上海青浦数据中心位于上海市青浦区（见图 6.2-5），机架数量 4000 余架，单机架设计负荷 8～12kW。机房配电采用一路市电加一路高压直流组成的双路电源配电；机房空气处理采用定制化的定向冷却机柜加分布式空气处理单元。

2. 集成冷站冷却系统介绍

该数据中心 103 扩容机房采用两套海尔中央空调与贵州绿云科技合作研发的集成式物

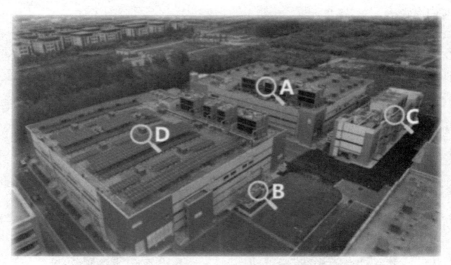

图 6.2-5　腾讯上海青浦数据中心建筑规划示意图

联高效冷站（见图 6.2-6），设计冷水供/回水温为 22℃/27℃，单冷站额定制冷量 875kW。两套集成冷站联合供冷且互为备份，采用磁悬浮离心冷水机组＋自然冷源双供冷模式供冷。每套冷源均有独立的传感器、执行器以及控制器，供冷单元相对独立，总体集成化、标准化、模块化特点突出。集成冷站结构紧凑，安装简单，客户仅需连接进出水管，机组自动控制压缩机蒸汽压缩制冷和自然冷却之间的切换。

图 6.2-6　集成冷站现场图

3. 室内空调末端

机柜采用地板送风和封闭热通道结构，如图 6.2-7 所示。室内空调末端中，将热风送入地板下空气分布式处理单元中进行冷却，经过冷却后的冷风通过多孔地板进入机房，并从机柜前门进入机柜中对服务器进行冷却。

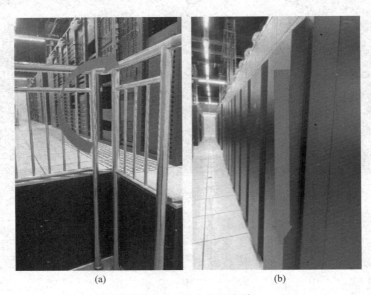

(a)　　　　　　　　　　　(b)

图 6.2-7　室内空调末端

（a）地板送风；（b）封闭热通道回风

4. 冷却系统智能控制

两套冷源组成无中心结构，形成"双机热备"的供冷群，对末端机房进行不间断供冷，如图 6.2-8 所示。

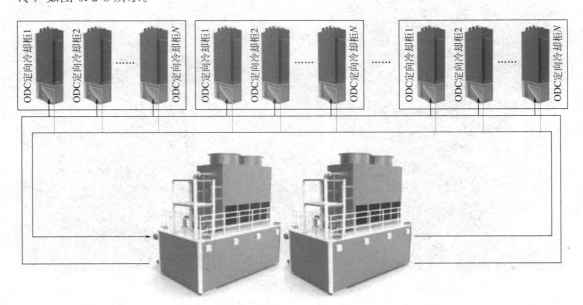

图 6.2-8　双冷源无中心结构

每个供冷单元、空气处理单元均采用无中心控制结构，每套设备均具备独立的传感器、执行器、控制器，实现独立自主调节、智慧运行，不依赖于任何第三方控制系统，一个功能单元的失效不影响系统可用性，并且失效单元可以得到备用单元的代偿，提高系统可靠性和可用性。

在没有任何冷源设备故障的情况下，双冷源同时且独立运行，在冷源启动时，任何情况下均先启动自然冷源，冷源启动完成后进入可切换状态。冷站采用 22℃ 高温供水，若室外环境湿球温度大于 19℃，由自然冷源立即切换至机械制冷；若室外环境湿球温度小于 17℃，由机械制冷切换至自然冷源。冷站系统采用一只电动蝶阀，切换过程简单、可靠。到目前为止，系统已完成自动切换百余次，整个启动过程、切换过程、调节过程均无需人为干预，由系统自动完成，实现冷源站真正无人值守。

6.2.3 运行效果与分析

1. 全年运行数据

图 6.2-9 给出了该数据中心在 2018 年 1 月 1 日 0 点至 2018 年 12 月 31 日 23 点期间的历史数据（该数据中心冷却系统供冷量采用数据中心总耗电量减去冷却系统耗电量所得）。

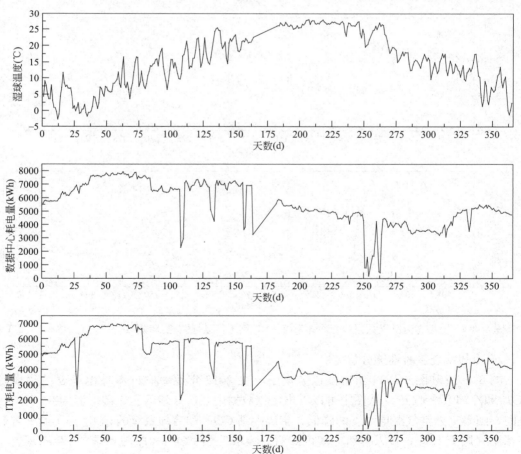

图 6.2-9 上海青浦腾讯数据中心冷却系统 2018 年逐日运行性能（6 月 13~30 日无数据）（一）

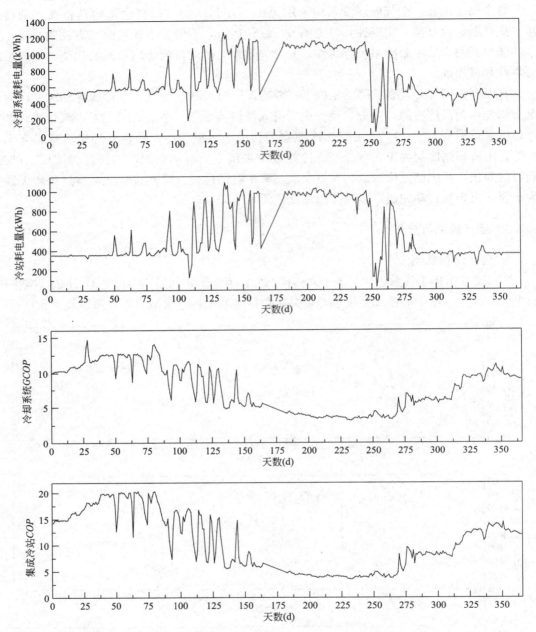

图 6.2-9　上海青浦腾讯数据中心冷却系统 2018 年逐日运行性能（6 月 13～30 日无数据）（二）

2. 冷却系统逐时性能分析

图 6.2-10 和图 6.2-11 给出了该数据中心在 2018 年逐时室外湿球温度下的集成冷站 COP 和冷却系统 COP。从图中可以看出，该数据中心所处地区全年湿球温度在 $-5 \sim 30℃$ 之间，随着室外空气湿球温度的降低，集成冷站 COP 和冷却系统的 COP 都不断上升。在湿球温度低于 $19℃$，转入自然冷却模式后，集成冷站 COP 和冷却系统的 COP 都进一步上升，集成冷站 COP 可达到 20 以上，冷却系统 COP 可达到 15 以上。

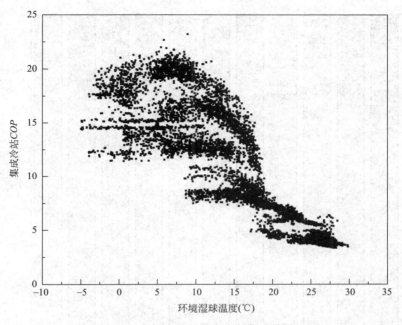

图 6.2-10　全年逐时湿球温度与集成冷站 *COP*

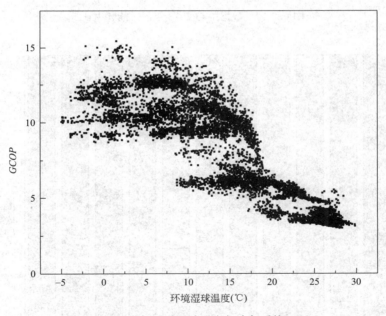

图 6.2-11　全年逐时湿球温度与冷却系统 *GCOP*

3. 冷却系统逐月性能分析

对该数据中心在 2018 年 1 月 1 日至 2018 年 12 月 31 日期间的数据按照逐月进行统计,可以得到数据中心各部分逐月能耗占比(见图 6.2-12)、冷却系统各部分逐月能耗占比(见图 6.2-13)、冷却系统逐月综合 *COP* 变化情况(见图 6.2-14)。

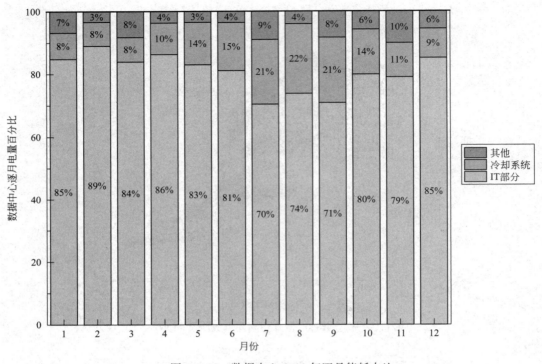

图 6.2-12　数据中心 2018 年逐月能耗占比

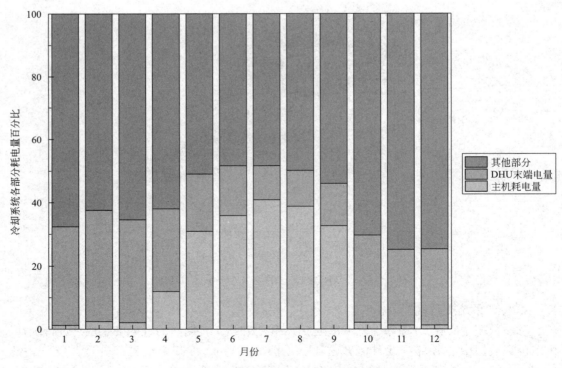

图 6.2-13　数据中心 2018 年逐月能耗占比

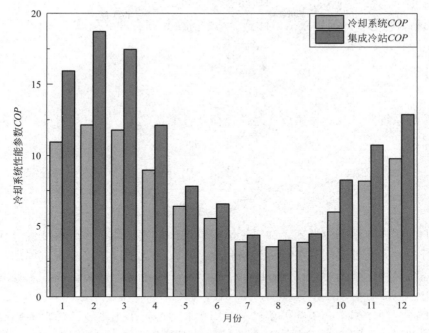

图 6.2-14　数据中心冷却系统 2018 年逐月 COP

从图 6.2-12 和图 6.2-14 中可以看到，IT 设备始终是数据中心主要耗能部分。冷却系统在较冷的月份耗电量占比在 10％以下，在较热的月份耗电量占比为 22％。数据中心除IT 耗电、冷却系统耗电外，其他部分的耗电量占比均基本在 5％以下，仅在个别月份耗电量高于 5％，最高不超过 10％。计算逐月冷却系统综合 COP，可以看到在较冷的月份，冷却系统综合 COP 在 8 以上（集成冷站 COP 在 10.0 以上），在 2018 年 2 月，冷却系统综合 COP 达到最高 12.0 以上，而集成冷站的最高 COP 达到 18.0 以上。当然，从图 6.2-13 中还可以发现，冷却系统其他部分（冷却塔、冷却水泵、冷水泵等）占比偏高，在 6～8 月间，主要依靠冷水机组供冷时，其他部分能耗占比仍在 50％左右，是今后节能的关键。

4. 冷却系统全年性能分析

图 6.2-15 给出了该数据中心在 2018 年各部分能耗占比情况。在该数据中心年耗电量中，IT 部分耗电量占比达 81.52％，冷却系统耗电量仅占 12.58％。

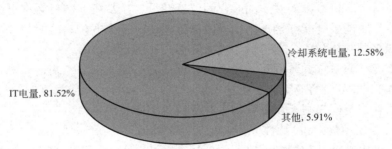

图 6.2-15　上海青浦腾讯数据中心 2018 年能耗占比

通过数据中心全年耗电量、冷却系统总负荷和总耗电电量（1 号及 2 号集成冷站耗电量、DHU 末端耗电量）统计数据，计算冷却系统全年综合性能系数（GCOP）：

$$GCOP = \frac{\sum\limits_{1}^{12}(W_{IT} + W_{其他})}{\sum\limits_{1}^{12}(W_1 + W_2 + W_{DHU})} = 6.95$$

通过冷却系统 1 号及 2 号集成冷站总负荷及耗电量数据，计算集成冷站的全年性能系数（ACOP）：

$$ACOP = \frac{\sum\limits_{1}^{12}(W_{IT} + W_{其他})}{\sum\limits_{1}^{12}(W_1 + W_2)} = 8.77$$

基于上述集成冷站的设计理念和实际运行效果，集成冷站在冷源系统各个部分的优化匹配和运行控制方面都实现了在工厂的预制化，不仅降低了现场安装调试周期，也为数据中心冷源系统提供了智能运行控制，降低了运行维护的难度，提高了冷源系统的综合运行效率。

腾讯上海青浦数据中心 103 扩建机房使用集成冷站，采用高效磁悬浮离心冷水机组与自然冷却两种模式，2018 年全年冷却系统能耗仅占整个机房能耗的 12.58%，冷却系统全年 GCOP 达到 6.95，集成冷站全年 ACOP 为 8.77。当然，该案例中，冷却系统其他设备（冷却塔、冷却水泵、冷水泵等）能耗占比较高，是冷却系统进一步节能设计和运行的关键。

6.3 水蓄冷系统及在数据中心应用案例分析

6.3.1 水蓄冷系统原理与特性

1. 水蓄冷系统削峰填谷原理与特点

水蓄冷技术是利用水在不同温度下密度不同进行自然分层的原理，利用当地的峰谷电价政策，在夜间建筑低谷负荷且电价较低时段开启主机进行蓄能，在白天电价高峰负荷时段蓄能设备释能，将低谷电价时段储存的能量移到高峰负荷时段使用，移峰填谷。

数据中心水蓄冷系统主要特点：

（1）蓄冷设备本身兼作应急冷源，提高整个系统的安全性及稳定性；

（2）夜间蓄冷冷机可以满载，同时夜间温度较低，冷却塔、冷机效率更高；

（3）水蓄冷空调系统能够合理利用谷段低价电力，减少电价高峰时段制冷设备的电力消耗，与常规空调系统相比，运行费用大大降低，经济效益显著；

（4）水蓄冷空调系统具备调蓄功能，在数据中心前期，部分负荷时，利用蓄冷设备进行蓄冷/释冷调节，可使蓄冷空调系统主机设备高效率运行，从而提高制冷设备 COP，冷水机组工作状态稳定，提高了设备利用率并延长机组的使用寿命。

2. 水蓄冷系统蓄冷/释冷特性分析

温度分层型水蓄能是利用水的以下两个物理特性：首先，水在 4℃左右时的密度最大，随着水温的升高，其密度逐渐减小；其次，热的主要三种传递方式（传导、辐射、对流）

中，水的传导性能非常差，没有辐射性能，主要依赖水在对流中传递热，也就是说只要水相对静止，则可避免热传递。将水流分布器放置于蓄能罐的顶部（温水）和底部（冷水），使水以重力流或活塞流平稳地流入或引出水罐，温度低的水储存于水罐的下部，温度高的水位于储存于水罐的上部，使水按不同温度相应的密度差异依次分层，形成并维持一个稳定的斜温层，以确保水流在蓄能水罐内均匀分布，扰动小，减少因冷温水混合而形成的可利用冷量的损失。

在蓄冷过程中，斜温层逐渐上升，当上升到上部布水器时，从上部布水器流出水的温度将逐渐降低；当斜温层中的水全部被抽完时，温度下降得更快。在释冷过程中，斜温层逐渐下降，当斜温层中的水开始被下部布水器抽出时，水温开始升高；同样，当斜温层中的水将近被抽完时，水温迅速上升。一般来说，当释冷出水温度开始升高时，释冷过程也就将近结束。当升高到一定程度，即斜温层中的水快要抽完时，供冷水温就无法满足空调负荷要求了。与此同时，回流温水的温度也因供冷水温度的升高而上升，此时应停止使用蓄冷罐供冷。这时即可确定蓄能罐可利用的蓄能量的大小，蓄能罐蓄能水体积百分比一般考虑在 90％左右。在释冷过程中，供冷水温度升高的程度取决于蓄能罐中斜温层的厚薄。它直接与布水器的设计有关。

6.3.2　水蓄冷系统在数据中心应用案例分析

1. 数据中心及机房介绍

上海某数据中心建筑总面积约 2.15 万 m^2，其中数据中心空调建筑面积为 12530 m^2，设置一个调试机房、3 个核心机房和 18 个 IT 机房模块，远期规划共配置 5kW 机柜 1620 台、4kW 机柜 2090 台，工艺冷负荷 19173kW；现机柜上架数 1920 台（5kW 机柜约 800 台，4kW 机柜约 1120 台），冷负荷约 9000kW。

空调末端选用冷水型机房房间级和行间级专用空调机，设计供/回水温度为 14℃/21℃。行间空调机面对面布置。

机柜采用面对面、背对背的方式放置，分别形成冷热通道，同时封闭冷通道。

2. 数据中心水蓄冷系统介绍

该数据中心冷却系统如图 6.3-1 和图 6.3-2 所示。

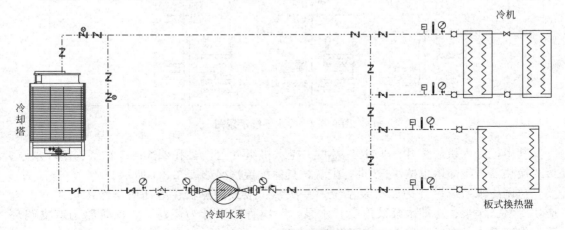

图 6.3-1　冷却水系统示意图

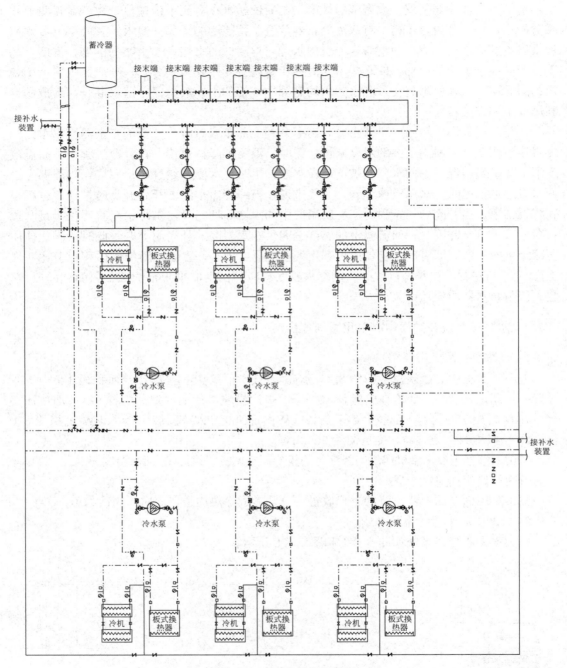

图 6.3-2　冷水系统示意图

　　其中，冷水机组采用 1600RT 离心式冷水机组 6 台，4 用 2 备；冷水泵、循环水泵、板式换热器、冷却塔也按 4+2 进行配置，具体配置情况如表 6.3-1 所示。

　　空调冷水系统设计为二次泵系统，一次泵、板式换热器、冷却塔与冷水机组一一对应，冷水二次泵、冷却水泵采用变频水泵，一次管路设计为环路，二次管路为双支路环路，保证系统可在线维护，提高可靠性。

冷站主要设备配置表　　　　　　　　　　　表 6.3-1

设备名称	具体参数	参数值	数量
冷水机组	额定制冷量（kW）	5623	6 台
	功率（kW）	863	
	COP	6.51	
	蒸发器进/出温度（℃）	14/21	
	冷凝器进/出温度（℃）	33/39	
冷水一次循环泵	流量（m³/h）	700	6 台
	扬程（m）	22	
	频率（Hz）	50	
	功率（kW）	75	
冷水二次循环泵	频率（Hz）	50	6 台
	流量（m³/h）	700	
	扬程（m）	35	
	功率（kW）	90	
冷水补水泵	频率（Hz）	50	2 台
	流量（m³/h）	100	
	扬程（m）	35	
	功率（kW）	15	
冷却水循环泵	流量（m³/h）	950	6 台
	扬程（m）	38	
	频率（Hz）	50	
	功率（kW）	132	
冷却塔	风机风量（m³/h）	731850	6 台
	风机马达功率（kW）	90	
	电加热（kW）	20	
	标准冷吨	1835	

　　该项目采用开式非承压水蓄冷罐（见图 6.3-3），直径 14m，总高 35.1m，液位高度 33m，体积约 5000m³，蓄/释冷供/回水温度 14℃/21℃，作为数据中心应急冷源及削峰填谷使用。

　　开式蓄冷罐设置在室外，夜间蓄冷罐处于蓄冷状态，白天电价高峰时段，关闭冷水机组，采用蓄冷罐供冷，降低运行费用；蓄冷罐在满蓄状态下除去应急冷源蓄冷水量（约 350m³），剩余蓄冷量可供系统满负荷运行约 3.6h。

　　当市电断电时，制冷系统转入柴机供电，在冷水机组恢复正常运转之前，二次泵、机房精密空调连续运转，蓄冷罐处于供冷状态，为末端精密空调机组提供冷水。

　　3. 典型日运行性能分析

　　为进一步对比常规数据中心与配备水蓄冷系统的数据中心运行状况，现对外部环境基本一致的两个连续工作日（7 月 29 日和 7 月 30 日）运行数据进行分析，其中 7 月 29 日为

图 6.3-3 应用于某数据中心的蓄冷水罐

蓄冷空调系统运行（数据见表 6.3-2），7 月 30 日关闭水蓄冷设备与空调系统的连接，采用冷机单独连续供冷（数据见表 6.3-3）。两种模式单日数据对比分析如表 6.3-4 所示。

数据中心蓄冷空调系统供冷时相关数据（7 月 29 日）　　　　表 6.3-2

时间	电价（元/kWh）	室外温度（℃）		释冷进口温度（℃）	释冷出口温度（℃）	冷站设备耗电量（kWh）	冷机耗电量（kWh）	冷却塔耗电量（kWh）	电费（元）
		干球	湿球						
00:00~01:00	0.245	27.5	23.1	21	14.1	2098.07	1656.32	441.75	514.03
01:00~02:00	0.245	27	22.7	20.9	14	2094.28	1643.78	450.50	513.10
02:00~03:00	0.245	27.1	22.7	20.8	14	2070.68	1628.93	441.75	507.32
03:00~04:00	0.245	26.5	22.2	21	14.1	2598.57	1922.82	675.75	636.65
04:00~05:00	0.245	26.4	22.1	20.8	14	2943.66	2267.90	675.75	721.20
05:00~06:00	0.245	26.4	22.1	20.7	14.3	2030.00	1583.87	446.13	497.35
06:00~07:00	0.69	26.7	22.6	20.7	14.3	2043.59	1593.09	450.50	1410.08
07:00~08:00	0.69	27.3	23.2	20.7	14	1779.40	1328.90	450.50	1227.78
08:00~09:00	1.118	28.4	23.9	20.9	14.1	77.06	0.00	77.06	86.15
09:00~10:00	1.118	29.8	25	20.8	14.1	77.06	0.00	77.06	86.15
10:00~11:00	1.118	30.5	25.7	20.9	14.1	77.83	0.00	77.83	87.01
11:00~12:00	0.69	31	26.2	20.9	14.1	1830.60	1380.10	450.50	1263.11
12:00~13:00	0.69	31.4	26.7	21	14	2117.51	1680.13	437.38	1461.08
13:00~14:00	1.118	32.2	27.3	20.8	14.2	2121.63	1679.87	441.75	2371.98
14:00~15:00	1.118	33.1	28	20.8	14	2129.07	1682.94	446.13	2380.30

续表

时间	电价（元/kWh）	室外温度（℃） 干球	室外温度（℃） 湿球	释冷进口温度（℃）	释冷出口温度（℃）	冷站设备耗电量（kWh）	冷机耗电量（kWh）	冷却塔耗电量（kWh）	电费（元）
15:00～16:00	0.69	32.8	27.8	21	14	2929.86	2273.79	656.07	2021.60
16:00～17:00	0.69	31.8	27	20.7	14.2	2697.99	2028.80	669.19	1861.61
17:00～18:00	0.69	31	26.1	20.9	14.1	1960.62	1514.50	446.13	1352.83
18:00～19:00	1.118	30.3	25.8	21	14.2	77.83	0.00	77.83	87.01
19:00～20:00	1.118	29.9	24.9	20.7	14.2	79.37	0.00	79.37	88.74
20:00～21:00	1.118	29.3	24.7	20.9	14.3	78.60	0.00	78.60	87.88
21:00～22:00	0.69	28.7	24.2	20.7	14.2	77.83	0.00	77.83	53.70
22:00～23:00	0.245	28.3	23.8	20.8	14	2004.42	1553.92	450.50	491.08
23:00～00:00	0.245	27.8	23.3	20.8	14	2138.29	1692.16	446.13	523.88
合计						38133.82			20331.64

数据中心冷机单独连续供冷时相关数据（7 月 30 日）　　表 6.3-3

时间	电价（元/kWh）	室外温度（℃） 干球	室外温度（℃） 湿球	冷站设备耗电量（kWh）	冷机耗电量（kWh）	冷却塔耗电量（kWh）	电费（元）
00:00～01:00	0.245	27.3	23	1611.55	1214.44	397.11	394.83
01:00～02:00	0.245	27	22.7	1605.66	1171.74	433.92	393.39
02:00～03:00	0.245	26.9	22.6	1611.41	1181.91	429.50	394.80
03:00～04:00	0.245	26.5	22.2	1613.80	1182.66	431.14	395.38
04:00～05:00	0.245	26.3	22	1632.12	1222.25	409.87	399.87
05:00～06:00	0.245	26.3	22.1	1638.55	1205.42	433.13	401.45
06:00～07:00	0.69	26.8	22.5	1631.34	1219.59	411.75	1125.62
07:00～08:00	0.69	27.5	23.1	1647.75	1219.65	428.10	1136.95
08:00～09:00	1.118	28.2	23.8	1624.47	1210.23	414.24	1816.15
09:00～10:00	1.118	29.5	24.9	1662.51	1234.93	427.58	1858.68
10:00～11:00	1.118	30.2	25.6	1658.66	1239.63	419.03	1854.39
11:00～12:00	0.69	30.9	26.2	1686.24	1231.61	454.63	1163.50
12:00～13:00	0.69	31.3	26.6	1706.72	1230.48	476.24	1177.64
13:00～14:00	1.118	32	27.2	1702.72	1238.86	463.86	1903.64
14:00～15:00	1.118	33	28.1	1712.50	1244.10	468.40	1914.58
15:00～16:00	0.69	32.6	27.7	1761.17	1273.56	487.61	1215.20
16:00～17:00	0.69	31.7	26.9	1732.97	1275.46	457.51	1195.75
17:00～18:00	0.69	30.8	26.1	1703.85	1246.68	457.17	1175.66
18:00～19:00	1.118	30.3	25.7	1675.23	1241.88	433.35	1872.91
19:00～20:00	1.118	29.5	24.9	1670.00	1239.75	430.25	1867.06

111

续表

| 时间 | 电价
(元/kWh) | 室外温度(℃) | | 冷站设备耗
电量(kWh) | 冷机耗电
量(kWh) | 冷却塔耗电
量(kWh) | 电费
(元) |
		干球	湿球				
20:00~21:00	1.118	29.1	24.6	1649.67	1236.15	413.52	1844.33
21:00~22:00	0.69	28.6	24.1	1623.71	1233.12	390.59	1120.36
22:00~23:00	0.245	28.1	23.7	1622.85	1239.73	383.12	397.60
23:00~00:00	0.245	27.6	23.2	1613.29	1239.97	373.32	395.26
合计				39798.73			27414.98

两种运行模式单日数据对比分析　　　　　　　　　　　　表 6.3-4

运行模式	IT 设备单日 耗能(kWh)	冷站设备单日 电量(kWh)	末端空调单日 电量(kWh)	入户电量 (kWh)	电路损耗 (kWh)	GCOP
蓄冷空调系统供冷	155706.47	38133.82	14752.95	218159.50	9566.26	3.125
冷机单独连续供冷	155860.18	39798.73	14738.37	220068.77	9671.49	3.035

$GCOP$：冷却系统综合性能系数，冷却系统总负荷/冷却设备总能耗。其中冷却设备总负荷为数据中心总能耗减去冷却系统总能耗，或者为 IT 设备总能耗、电路损耗及其他非冷却系统能耗之和。冷却系统总能耗包括冷站设备能耗（冷机、水泵、冷却塔及冷却系统辅助设备）和空调末端的能耗。

$$GCOP = \frac{冷却系统总负荷}{冷却系统总能耗} = \frac{数据中心总耗电量 - 冷却系统总耗电量}{冷站设备耗电量 + 空调末端耗电量}$$

由于该项目位于市中心，数据中心建设地点靠近居民区，夜间开启制冷设备会产生较大的噪声，影响居民休息，为充分利用峰谷电价优势，采用每天两蓄两放的运行方式。

通过对比以上数据可知，蓄冷空调系统相比较传统空调系统而言，利用夜间外界气温低的有利因素，可提高冷却系统 $GCOP$ 约 3%，降低了冷却系统耗电量；同时每日可节省运行费用约 7000 元，提高了经济效益。

4. 全年运行性能

该项目全年水蓄冷空调系统供冷运行天数约为 275d，当湿球温度低于 6℃时采用自然冷却，自然冷却天数约为 90d，全年冷源系统耗电量约为 1.14×10^7 kWh，结合典型工况分析测算，与常规空调系统相比年节省运行费用约 192 万元，经济效益显著（见表 6.3-5）。

全年冷源系统耗电量统计数据　　　　　　　　　　　　表 6.3-5

运行模式	运行天数(d)	耗电量(kWh)
蓄冷空调系统供冷	275	1.048×10^7
自然冷却	90	9.3×10^5
总计	365	1.14×10^7

蓄冷系统可充分利用夜间外界气温低的有利因素，提高了数据中心冷却系统综合性能系数（$GCOP$），降低了数据中心 PUE 值。同时，利用夜间低谷电进行制冷和蓄冷，降低了数据中心的运行费用；蓄冷设备本身兼作应急冷源，提高了整个系统安全性及稳定性。

基于上海某数据中心采用 $5000m^3$ 蓄水罐进行蓄冷的运行数据可以发现，在夏季典型工作日，采用蓄冷技术可提高冷却系统综合性能系数 3%，降低日运行费用约 7000 元。综合全年运行分析，可节省运行费用约 192 万元，具有较好的经济性。

6.4　本章小结

高效冷源系统是提高数据中心冷却系统能耗的关键，基于上述各主要设备及应用案例，总结如下：

（1）冷水机组仍是当前数据中心冷却系统节能的最关键设备，通过采用高供水温度设计、磁悬浮离心压缩机技术，可以实现在低环境温度（小压缩比）和低负荷率下的高效运行。

（2）集成冷站实现了冷水机组、冷却塔、冷却水泵、冷水泵等主要冷源设备的优化匹配和集成控制，实现了在工厂的预制化，不仅降低了现场安装调试周期，也实现了数据中心冷源系统的智能运行控制，降低了运行维护的难度，提高了冷源系统的综合运行效率。与空调末端的优化匹配和集成控制是进一步提高冷源设备运行效率的关键。

（3）蓄冷系统可充分利用昼夜温差，提高冷却塔和冷水机组在夜间低温下的运行效率及自然冷却利用时间，从而提高数据中心冷却系统综合性能系数；同时利用夜间低谷电进行制冷和蓄冷，降低了数据中心的运行费用；蓄冷设备本身兼作应急冷源，提高了整个数据中心冷却系统安全性及稳定性。

第7章 数据中心常规运行模式测试和分析

为进一步剖析数据中心冷却系统能效提升的关键因素，分析水冷微模块、风冷地板下送风、水冷冷通道地板下送风的运行效果，对若干典型数据中心进行了测试和分析，本报告摘选其中 3 个案例。

本章中，采用了几个指标，在此做出指标说明。

1. 数据中心冷却系统综合 COP （$GCOP$）指标

评价数据中心冷却系统效率的一项专有指标，指实现数据中心的冷却所付出的冷却系统能耗效率，其值为数据中心除冷却系统外的总耗电量与冷却系统耗电量之比。

2. 特定工况综合 COP （$GCOP_s$）指标

评价数据中心冷却系统效率的一项专有指标，指在特定工况下为实现数据中心的冷却所付出的冷却系统能耗效率，其值为数据中心除冷却系统相关设备外的总耗电量与冷却系统耗电量之比。

3. 全年平均综合 COP （$GCOP_A$）指标

评价数据中心冷却系统效率的一项专有指标，指在全年运行时为实现数据中心的冷却所付出的冷却系统能耗效率，其值为数据中心除冷却系统相关设备外的总耗电量与冷却系统耗电量之比。$GCOP_A$ 不等于多个 $GCOP_s$ 的平均值。

4. 数据中心耗电量 （$E_{cost_{DC}}$）

数据中心内所有设备的耗电量。能耗类型为电能，单位为 kWh。

5. IT 设备耗电量 （$E_{cost_{IT}}$）

数据中心内 IT 设备的耗电量。能耗类型为电能，单位为 kWh。

6. 不间断电源系统耗电量 （$E_{cost_{UPS}}$）

数据中心内的不间断电源系统在为下端设备提供电能时损耗的电能，其能耗类型为电能，单位为 kWh。

7. 冷却系统耗电量 （$E_{cost_{CS}}$）

数据中心内的冷却系统耗电量，主要包括直接供电的制冷机组、冷却塔、水泵、风机及室内空调末端的耗电量。若为普通风冷自带压缩机的分散式冷却系统，则为此冷却系统的能耗。能耗类型主要为电能，单位为 kWh。

8. 冷却系统末端耗电量 （$E_{cost_{CS-T}}$）

数据中心内的冷却系统末端耗电量，主要指机房内空调末端的耗电量。若为普通风冷自带压缩机的分散式冷却系统，则近似等于冷却系统的能耗。能耗类型主要为电能，单位为 kWh。

9. 冷却系统冷源耗电量 （$E_{cost_{CS-S}}$）

数据中心内的冷却系统冷源耗电量，主要包括直接供电的制冷机组、冷却塔、水泵的耗电量。若为普通风冷自带压缩机的分散式冷却系统，则不存在此值。能耗类型主要为电能，单位为 kWh。

10. 其他设备耗电量（$E_{cost_{ELSE}}$）

数据中心内其他设备的耗电量，主要包括照明插座、变压器、值班室等。能耗类型为电能，单位为 kWh。

根据以上定义可知：

$$GCOP = (E_{cost_{DC}} - E_{cost_{CS}}) / E_{cost_{CS}}$$

由于 $E_{cost_{DC}} = E_{cost_{IT}} + E_{cost_{UPS}} + E_{cost_{CS}} + E_{cost_{ELSE}}$，则有：

$$GCOP = (E_{cost_{IT}} + E_{cost_{UPS}} + E_{cost_{CS}} + E_{cost_{ELSE}} - E_{cost_{CS}}) / E_{cost_{CS}}$$
$$= (E_{cost_{IT}} + E_{cost_{UPS}} + E_{cost_{ELSE}}) / E_{cost_{CS}}$$
$$= E_{cost_{IT}} / E_{cost_{CS}} + (E_{cost_{UPS}} + E_{cost_{ELSE}}) / E_{cost_{CS}}$$

由此可知，若仅得到 IT 能耗和冷却系统能耗，所计算得到的值 $E_{cost_{IT}} / E_{cost_{CS}}$ 小于 $GCOP$。

根据以上定义可知：$GCOP = (E_{cost_{DC}} - E_{cost_{CS}}) / E_{cost_{CS}}$

由于 $E_{cost_{CS}} = E_{cost_{CS-T}} + E_{cost_{CS-S}}$，则有：

$$GCOP = (E_{cost_{DC}} - E_{cost_{CS}}) / (E_{cost_{CS-T}} + E_{cost_{CS-S}})$$
$$= 1 / [1 / (E_{cost_{DC}} - E_{cost_{CS}}) / E_{cost_{CS-T}} + 1 / (E_{cost_{DC}} - E_{cost_{CS}}) / E_{cost_{CS-S}}]$$

取 $(E_{cost_{DC}} - E_{cost_{CS}}) / E_{cost_{CS-T}}$ 为 $GCOP_1$，$(E_{cost_{DC}} - E_{cost_{CS}}) / E_{cost_{CS-S}}$ 为 $GCOP_2$。则 $1 / GCOP = 1 / GCOP_{1+1} / GCOP_2$

7.1 南方水冷微模块数据中心实测数据及分析

7.1.1 数据中心简介

某数据中心位于广东省，2017 年 7 月投入运营。该数据中心总建筑面积约 1.2 万 m^2，共 2 层，单层约 6000m^2；数据中心共有 936 个机架，单机架设计功率为 6.5 kW。其中，一层主要有模块机房 101 和 102、冷冻站、高低压配电房、油机房及油机配电房、监控中心、拆箱区、其他配套用房；二层有模块机房 201～205、传输机房、办公区、仓库；冷却塔、水箱、空调室外机和假负载均设置在屋顶。

该数据中心的冷却系统采用了微模块架构封闭冷通道，全部由冷水型列间空调供冷。

供配电采用 1 路市电交流直供，1 路高压直流供电。

7.1.2 冷却系统方案概述

1. 系统形式介绍

（1）冷源。冷源为较为普通的水冷冷冻站形式，包括供回水管、分集水器、冷水泵、变频离心冷水机组、冷却水泵、冷却塔。无板式换热器作为免费冷源的供应。

冷冻站设置在一层。冷冻站内设置冷水主机、循环水泵及相关附属设施（水处理器、自动补水排气定压机组、软化水系统等）。为提高部分负荷性能指标，冷水主机采用变频机组，且冷却水泵、冷水泵、冷却塔风机也采用变频设备。

（2）输配。冷水干管采用 2N 结构，从冷水机组引两路干管到每个楼层；保证若任意一套干管故障，不影响机房空调系统的运行。在每层的空调机房，采用双管路方式，每个模块机房的供回水管分别连接到两套供回水管网上，保证管网任意一点故障，不影响模块内空调的正常运行。

根据设计参数，冷水管路应是按系统满负荷，即冷机开启 3 台，冷水泵开启 3 台的工况下测算的。管径满足此工况的要求。

系统设置一套应急蓄冷系统，采用并联充放冷模式，市电断电后，在油机启动及冷水机组恢复运行的这段时间内，空调系统实现不间断供冷（冷水泵、空调末端风机均由 UPS 提供电源）。

（3）末端。末端主要采用冷水行间空调，近端、按需送风。管路布置在微模块下方，微模块底座高 250mm，如图 7.1-1～图 7.1-3 所示。

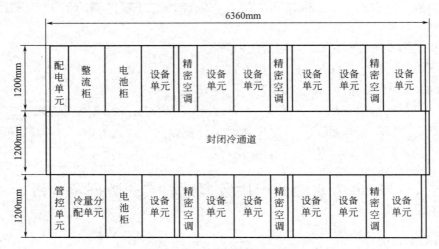

图 7.1-1　R12 微模块平面图

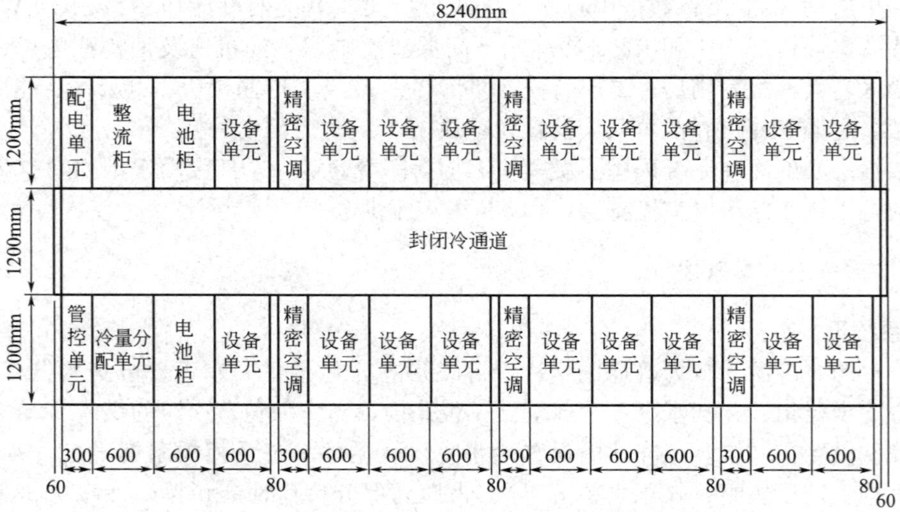

图 7.1-2　R18 微模块平面图

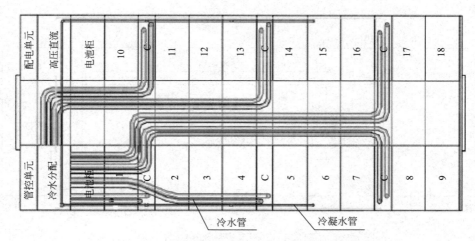

图 7.1-3　R18 微模块水内部管路布置图（R12 类似）

传输机房负载较小，为适应运营商传输设备外形，采用地板下送风模式，如图 7.1-4 所示。

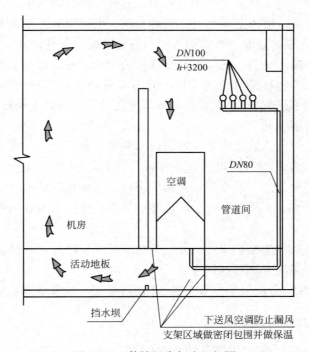

图 7.1-4　传输机房气流组织图

数据中心的配电房供冷采用风管精确送风模式，避免局部发热设备堆积热量，如图 7.1-5 所示。

为集中分析主要供冷技术路线，后续不另行分析电力室、传输机房等负载低的末端。

2. 管理机构描述的节能运行控制策略

（1）精细化管理。定期导出动环监控的数据，如主要制冷设备功率/用电量、实时/累

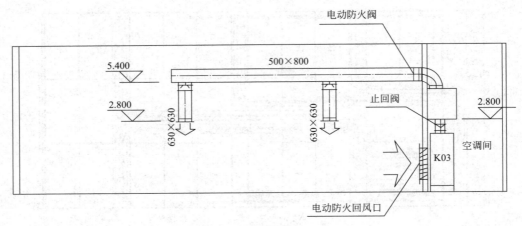

图 7.1-5　配电房气流组织图

计 *PUE*、冷机 *COP*、主干管水温、变频设备运行频率、风机转速、冷通道温度场等，发现问题并持续改进。

（2）冷却水系统。冷却塔：在冬季室外湿球温度过低的情况下，设定出水温度最低值进行变频调节风扇转速；夏季适当多开一台冷却塔，可以降低冷却水水温，提高变频冷机的 *COP*。冷却水泵：通过控制冷却供回水温差值变频调节电机转速。

（3）冷水系统。冷水主机：适当提高冷冻水的出水温度，保证末端供冷的前提下可以降低冷机功耗；变频冷机在部分负荷下优先降低电机转速，*COP* 明显高于定频冷机（定频冷机调节导流叶片开度）。冷冻水泵：通过调节支管压差（最不利环路）控制水泵转速，可以迅速匹配末端负载变化。

（4）空调末端。设定出风温度值，通过自动调节水阀开度，保证冷通道的温度；设定送回风温差值，通过自动调节风机转速，保证设定的冷热通道温差，避免不必要的送风量。尽量提高冷通道的温度，减小围护结构的损耗，提高换热效率。

（5）独立湿度控制。采用独立的加湿、除湿设备，控制水温在露点温度以上，避免频繁除湿、加湿循环。

（6）定期进行基础设施维护保养。如电机加润滑油、冷却塔更换皮带、冷却水定期加药、检查在线管刷、清洗空调过滤网等。

（7）冷水泵 UPS 的节能策略。采用 ECO 运行模式，减少整流逆变的能源转换过程。

7.1.3　冷却系统运行数据及分析

冷却系统运行数据的获取方式：一是测试人员至现场测试并核对各计量点位计量准确度，二是利用既有的监测探头获取数据。两者比对并结合，实现数据分析。

考虑数据中心无免费冷却切换条件下的运行工况较为稳定，认为测试当日的数据测试结果代表在相应工况下的典型结果。具体数据如下：

1. 温度梯度分析

（1）服务器出风温度

经过测试和系统监测，服务器出风温度为 40～42℃，测量点位为机柜出风面中间位置

的孔板柜门内侧。经过现场评估，认为此温度在单机柜设备分布较为均匀时可代表服务器
出风口温度。

　　为测量服务器出风口温度，测试团队首先获取了各个微模块的 IT 设备能耗分布，并
进行初步分析，去掉由于基本空置、IT 总负载为 0.13～0.15kW，从而导致冷却效率过低
的 3 个微模块。余下 61 个在用微模块的 IT 设备总能耗与能效的关系分析数据如图 7.1-6
和图 7.1-7 所示。可见随着微模块使用负载的下降，能效也下降明显。微模块的电能消耗
主要分为两部分：一部分为配电系统损耗，即开关电线损耗、高压直流设备整流损耗和电
池浮充损耗；另一部分为列间空调风机用电。

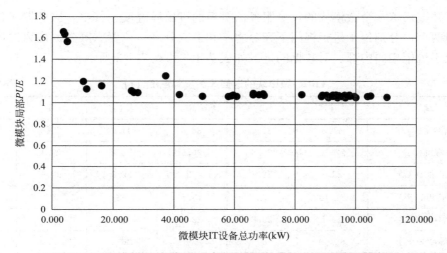

图 7.1-6　微模块 IT 设备总功率与微模块局部 *PUE* 的关系散点图

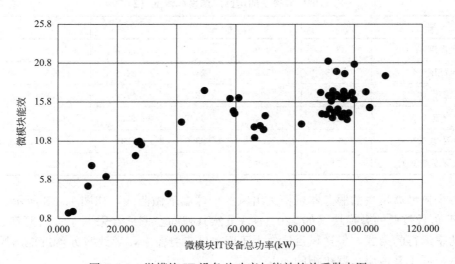

图 7.1-7　微模块 IT 设备总功率与能效的关系散点图

　　从 61 个微模块中挑选了 5 个较为典型的微模块，其 IT 总功率分别为 28kW、60kW、
92kW、98kW、96kW。其基本信息如表 7.1-1 所示。这些典型微模块覆盖了 2 种类型，
即不同负载和不同风机开启模式。

5 个典型微模块的参数和运行模式 表 7.1-1

编号	机柜编号	微模块类型	总 IT 功率(kW)	平均单柜负载(kW)	风机开启模式
1	1204D	R12	28.082	2.33	2 开 2 备
2	1102C	R12	59.559	4.96	3 开 1 备
3	1102E	R18	91.73	5.08	4 开 2 备
4	1202A	R18	97.504	5.42	4 开 2 备
5	1102H	R18	96.265	5.36	5 开 1 备

测试并记录这 5 个微模块的每个服务器机柜的进出风温度。其中,服务器机柜进风温度测点为两个,分别位于机柜柜门下三分之一和上三分之一位置。服务器出风温度测点为一个,位于机柜柜门中部。对数据的记录如表 7.1-2 和表 7.1-3 所示。

1102C 微模块的送回风温度和湿度 (1) 表 7.1-2

柜子编号	1	2	3	4	5	6
回风温度(℃)	41.8	41.2	38.3	41.7	38.3	37.8
回风湿度(%)	22.30	22.8	26.9	22.8	27.1	27.1
送风温度 1(℃)	22.1	22.2	22	22.9	22.6	22.1
送风湿度 1(%)	71.10	72	73.6	68	68.9	71.4
送风温度 2(℃)	22.7	23.8	22.5	23.9	23.8	22.6
送风湿度 2(%)	68.50	64	69	63	63.3	68.1

1102C 微模块的送回风温度和湿度 (2) 表 7.1-3

柜子编号	7	8	9	10	11	12
回风温度(℃)	33.2	40.9	41.1	39.8	44.2	42.7
回风湿度(%)	36.5	25.8	23.7	24.8	19.8	21.3
送风温度 1(℃)	22.9	22	22.5	22.9	22.9	23.2
送风湿度 1(%)	68.2	72.4	69.7	68.3	68.7	67.4
送风温度 2(℃)	22.5	22.5	23.6	24	24	23.4
送风湿度 2(%)	71	69.6	64.6	63.4	63	66.1

对各个典型微模块的服务器机柜进出风的干球温度做曲线,如图 7.1-8 所示。从图中可见,IT 负载较低的微模块(如 1204D),虽然其列间空调已经采取了 2 台开启、2 台备用且降功率运行的模式,但送风量依然大于服务器自身需求,导致服务器机柜出风温度在 30℃左右,低于其他服务器机柜的 40℃。

其他 4 个典型微模块虽然也有少量机柜的服务器出风口温度低于 35℃的情况,但整体在 40℃左右。其中,1102C 的进出风口温度和进出风温差的分布如图 7.1-9 所示。可见平均出风温度 40℃,中位出风温度高于 40℃。对 5 个典型微模块和 4 个典型高负载微模块的分析也可以看到(见图 7.1-10、图 7.1-11),出风平均温度、中位温度都在 40℃附近。

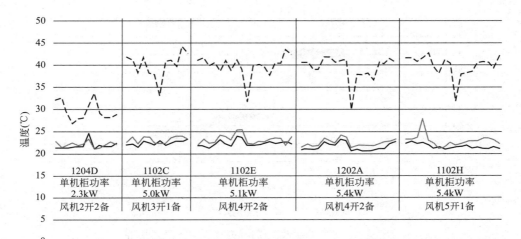

图 7.1-8　不同类型典型微模块的进出风温度

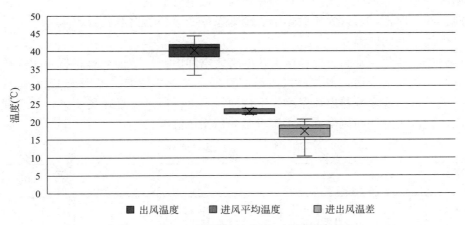

图 7.1-9　1102C 微模块的出风、进风温度分布

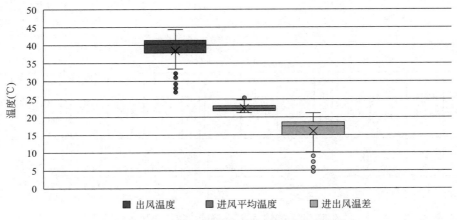

图 7.1-10　5 个典型微模块的出风、进风温度分布

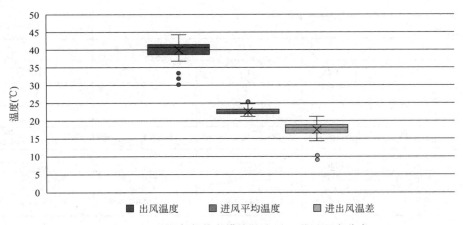

图 7.1-11　4 个高负载微模块的出风、进风温度分布

　　对 61 个微模块进行分析：微模块 IT 总功率小于 40kW 的微模块数量为 11 个，合计 IT 功率为 195.07kW。大于 60kW 的微模块有 45 个，合计 IT 功率为 4112.98kW。因此，高出风温度的工况为本项目主流，且为冷负荷的最主要组成。

　　因此，综合而言，可认为该数据中心冷却系统的服务器出风温度为 40℃。

　　（2）列间空调回风温度

　　现场服务器布置非常满，处在微模块的密闭空间内，且空位均有盲板封闭，虽然有少量备用列间空调并未开启，但整体气流组织良好，无冷热掺混（见图 7.1-12）。且列间空调近端回风，近似取服务器出风温度为空调回风温度。通过少量现场实测，两者温度非常接近。因此，认为空调回风温度基本等于服务器出风温度。

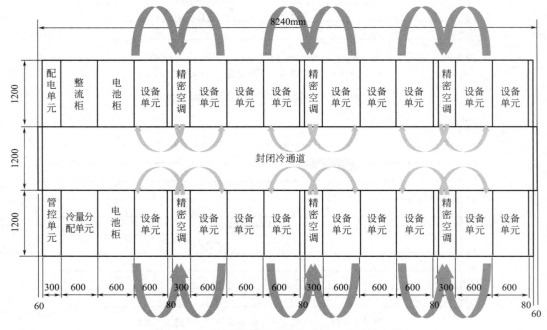

图 7.1-12　微模块列间空调的出风、进风示意图

（3）冷水回水温度

通过现场测试，记录 A、B 两路冷水回水温度分别为 20.4℃ 和 20.3℃，平均为 20.35℃。

（4）冷机冷水进水温度

本系统冷水回水通过集水器后经过冷水泵增压后流入冷机。根据末端供回水温差、流量，计算得到平均每小时末端总冷量为 5030.21kWh。

测量电量得到冷水泵的功率为 43kW。因此，冷水流经冷水泵的温升忽略不计。冷机进水温度等于冷水回水温度。

（5）冷机蒸发器温度

此次测试未获得冷机蒸发器温度数据。根据历史记录，蒸发器饱和温度低于冷水供水温度 1～1.2℃，平均温差 1.1℃。测试得到冷水供水温度为 13.3℃，因此取蒸发器温度为 12.2℃。

（6）冷机冷水出水温度

冷机出水温度为冷水供水温度，平均为 13.3℃。

（7）冷水供水温度

通过测试记录，冷水供水温度的平均值为 13.3℃。

（8）列间空调出风温度

考虑微模块的冷通道很小，且风量大，认为列间空调出风温度与服务器机柜进风温度一致。根据之前的测试可得，服务器机柜进风温度平均为 22.44℃。即列间空调出风温度为 22.44℃。

（9）服务器进风温度

服务器进风温度平均为 22.44℃。

（10）冷却塔进风温度

本次并未测试冷却塔出风温度，仅测试了冷却塔进风参数。项目开启了 3 台冷却塔且均 50Hz 运行。测试当日室外干球温度 25.8℃、湿球温度 18.3℃。该工况条件下，冷却塔进风的相对湿度为 52.5%，焓值为 53.82kJ/kg，含水量为 10.8961g/kg。

（11）冷却水供水温度

根据测试，冷却水回水温度平均值为 19.53℃。

（12）冷机冷却水进水温度

根据系统设计，冷却水从冷却塔出来后由冷却水泵送入冷机，先计算冷却水泵的温升影响。根据测试数据计算，冷却水的平均每小时冷量为 6247.72kWh，测试得到冷却水泵的功率为 82kW。因此，对水温的影响暂不考虑。因此，冷机冷却水进水温度取 19.53℃。

（13）冷机冷凝器温度

此次未测试冷凝器温度，根据记录数据可看到，冷凝器温度一般较冷机的冷却水出水温度高 1℃ 左右。测试得到冷机的冷却水出水温度为 25.38℃。冷机冷凝器温度取 26.38℃。

（14）冷机冷却水出水温度

根据测试，冷机的冷却水出水温度平均值为 25.38℃。

（15）冷却水回水温度

近似以冷机的冷却水出水温度为冷却塔的冷却水回水温度，为 25.38℃。

根据以上温度梯度数据，制图如图 7.1-13 所示。

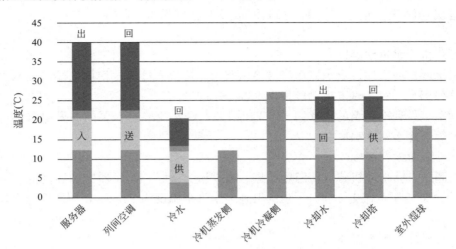

图 7.1-13　数据中心不同节点的温度图

从温度数据可见，列间空调的送风和冷水供水的温差不大，仅为 9.14℃，但列间空调的回风和冷水回水的温差很大，为 19.65℃。

此参数是在列间空调开 4 备 2 或者开 3 备 1 的工况下运行的。若列间空调全开且进一步降频运行，且列间空调总水量不变，则在保证风量不变的条件下，还可以降低风机能耗。或在保持风机总能耗不变的条件下，加大风量，从而提高送风温度和冷水供回水温度。此模式不适合在此系统中采用，但这些测试参数证明了采用这样的微模块运行参数条件下，还可以进一步提升冷水供回水温度，增加免费冷源的利用。

进一步对该数据中心 21 个月典型工况下的供回水温度进行分析，如表 7.1-4、图 7.1-14 和图 7.1-15 所示。

21 个月的典型工况下的供回水温度　　　　　　　　　　　表 7.1-4

日期	平均冷水温度（℃）		平均冷却水温度（℃）	
	回	供	进	出
2019 年 1 月	17.4	10.9	20.1	26
2019 年 2 月	17.5	11.1	23.15	29.2
2019 年 3 月	17.4	11	22.7	28.45
2019 年 4 月	18.85	12.2	25.15	30.05
2019 年 5 月	18.55	10.55	27.8	34.75
2019 年 6 月	19.1	12.05	27.2	31.15
2019 年 7 月	19.15	12.05	28.35	33.4
2019 年 8 月	19.15	12.05	28.7	34.1
2019 年 9 月	19.15	12.05	27.35	32.4
2019 年 10 月	19.45	12.1	24.95	29.95

续表

日期	平均冷水温度(℃)		平均冷却水温度(℃)	
	回	供	进	出
2019 年 11 月	19.1	12	19.75	24.7
2019 年 12 月	19.6	12	20.5	25.5
2020 年 1 月	19.6	12	18.85	23.55
2020 年 2 月	19.6	12.1	22.6	27.5
2020 年 3 月	19.65	12.05	17.8	22.8
2020 年 4 月	19.7	12	20.15	25.25
2020 年 5 月	19.9	12.6	27.3	32.7
2020 年 6 月	19.7	13	28.85	33.9
2020 年 7 月	19.9	13.1	28.65	34.55
2020 年 8 月	19.9	13.05	27.35	33.7
2020 年 9 月	20.1	13	26.9	33.4

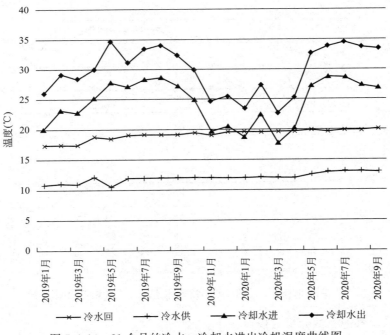

图 7.1-14　21 个月的冷水、冷却水进出冷机温度曲线图

　　通过对全年蒸发器、冷凝器饱和温度的分析可见，两器最大温差 26.3℃，最小 12.85℃，平均 19.9℃，波动较大，且部分工况下温差较小。配合所选的变频离心机，可满足需求（见图 7.1-16）。但如果蒸发器温度进一步上升或者冷凝器温度进一步下降，则离心机运行较为困难。

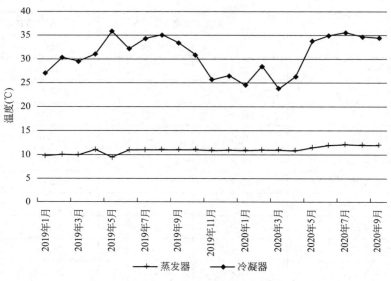

图 7.1-15 21 个月的冷机蒸发器、冷凝器饱和温度曲线图

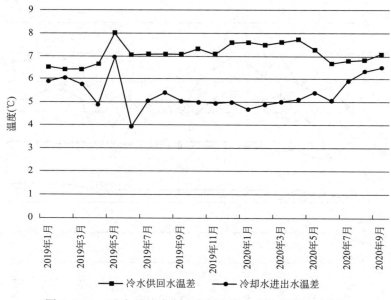

图 7.1-16 21 个月的冷水、冷却水进出冷机的温差曲线图

2. 冷却系统其他参数分析与校对

（1）水泵参数的校对

系统冷水泵的额定参数为：流量 633m³/h、功率 75kW、扬程 38m。测试当日的开启模式为开启 2 台，均变频运行，一台的频率为 34.3Hz，另一台为 34.1Hz。

测试得到两路冷水的流量分别为 325.1m³/h 和 286.2m³/h。2 台冷机上读取的流量数据分别为 312.6m³/h 和 311.3m³/h。冷水管读数合计为 611.3m³/h，与冷机读数之和（623.9m³/h）的偏差为 2%。根据读取的频率、扬程等数据，对冷水泵的参数核对如表

7.1-5 所示。考虑扬程的读取位置并不是完全的水泵进出口，而是隔着止回阀、弯管等，实测扬程应低于水泵实际扬程，认为数据可信。

冷水泵运行参数校对　　　　　　　　　　表 7.1-5

冷水泵	冷水泵额定值	1 号水泵按频率计算	2 号水泵按频率计算	计算值汇总	实测值	偏差
频率（Hz）	50	34.3	34.1	—	—	—
扬程（m）	38	26.1	25.9	26.0	22	18.1%
流量（m³/h）	633	250.8	247.9	498.7	611.3	−3.1%
功率（W）	75	24.2	23.8	48.0	48	0.0%

系统冷却水泵的额定参数为：流量 690m³/h、功率 70kW、扬程 28m。测试当日的开启模式为开启 2 台，均变频运行，一台的频率为 42Hz，另一台为 41.5Hz。

冷却水流量因为计量位置不准确，只读取了冷机读数，分别为 438m³/h 和 439.9m³/h，合计为 877.9m³/h。根据读取的频率、扬程等数据，对冷却水泵的参数核对如表 7.1-6 所示，计算表明数据可信。

冷却水泵运行参数校对　　　　　　　　　　表 7.1-6

冷却水泵	冷却水泵额定值	3 号水泵按频率计算	4 号水泵按频率计算	计算值汇总	实测值	偏差
频率（Hz）	50	42.0	41.5	—	—	—
扬程（m）	28	23.5	23.2	23.4	24	−2.6%
流量（m³/h）	690	486.9	475.3	962.2	877.9	9.6%
功率（W）	70	41.5	40.0	81.5	82	−0.6%

（2）压力参数的校对

根据在两台冷水泵前后读取的压力读数，水泵前压力为 0.19MPa，水泵后压力为 0.41MPa，压力差为 22mH₂O。其他测量点位读数如表 7.1-7 所示。

冷水系统各节点的压力参数　　　　　　　　　　表 7.1-7

系统	测量点	压力（MPa）
冷水系统	冷水泵进	0.19
	冷水泵出	0.41
	冷机冷水进	0.41
	冷机冷水出	0.38
	分水器	0.375
	集水器	0.235
冷却水系统	冷却水泵进	0.12
	冷却水泵出	0.36
	冷机冷却水进	0.36
	冷机冷却水出	0.3

（3）冷量的核对

根据测试数据（流量 611.3m³/h、供回水温差 7.05℃）计算得到冷水小时供冷量为 5027.94kWh。

冷机能耗测量的平均值为 409.75kW。冷却侧理论小时输配热量的值为 5437.69kWh。

根据测试数据（流量 877.9m³/h、供回水温差 5.85℃）计算得到冷却水小时输配的热量为 5991.67kWh。两者相差 10%。

两者相对接近。

IT 设备功率为 4576.069kW，末端列间空调和微模块自带高压直流模块的损耗合计为 320.403kW，冷水泵功率为 48kW，合计为 4944.472kW。

冷水的当日小时供冷量为 5027.94kWh。两者相差 1.7%。

两者接近。

（4）变频降功率的效果分析

微模块 1204D 和 1102C 均为 R12 型号的模块。1204D 的负载低，但其通过减少列间空调开启、变频等方式降低能耗。从数据看，其电源和列间空调的消耗为 2.718kW，比 1102C 的 4.148kW 降低不少。

但由于其负载过低，其 IT 设备功率与电源及列间空调消耗的比值为 10.33，比 1102C 的 14.36 低 28%。

因此，提高机架负载率是提高能效的重要措施。

（5）微模块测点数据的核对

R18（单个微模块含 18 个 IT 机柜），IT 测量点位如图 7.1-17 所示。

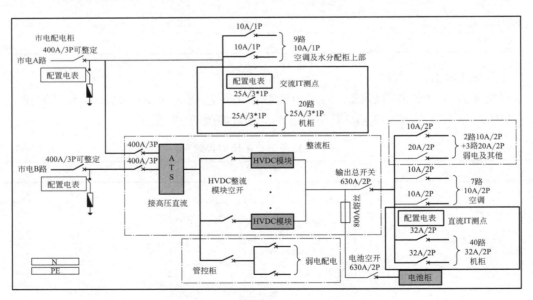

图 7.1-17　R18 微模块配电架构图

R12（单个微模块含 12 个 IT 机柜），IT 测量点位如图 7.1-18 所示。

测试团队在核对上述测量点位的同时，还调取了细化监测的数据，读取了每个柜子的 A、B 路用电数据，A 路的市电直供数据的单柜数据之和与头柜总电数据偏差在 10% 以

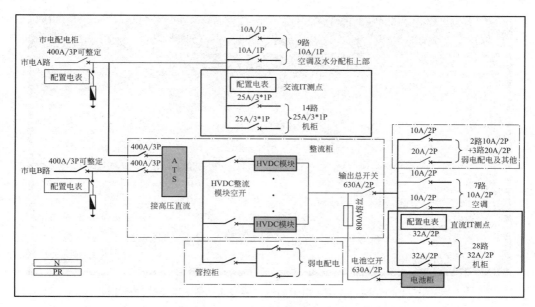

图 7.1-18 R12 微模块配电架构图

内。B 路因为采用高压直流，受到直流计量表具在小电流时计量误差的影响，偏差略大。

3. 测试当日的 $GCOP_s$ 的计算

该数据中心的当日小时供冷量为 5027.94kWh。小时计量得到冷水泵能耗为 48kWh，冷机能耗为 409.75kWh，冷却水泵能耗为 82kWh，冷却水塔能耗为 81kWh。合计冷站小时总能耗为 620.75kWh。

IT 设备功率为 4576.069kW。末端列间空调和微模块自带高压直流模块的损耗合计为 320.403kW。计算得到微模块的整体能效为 14.28，但其中含有高压直流的损耗。按面板读数，该微模块列间空调单路用电 1.34kW，考虑其为双路同时供电（一路市电交流直供，一路高压直流供电，见图 7.1-19），取其功率为 2.68kW，则 61 个微模块合计为 163.48kW。

若精密空调供冷为 163.48kW，则高压直流损耗为 156.92kW，考虑到高压直流和市电直供各供 50% 的负载，高压直流能效值为 93.14%。和高压直流的效率数据基本一致。

由此得到，小时的总供冷量为 5027.94kWh，小时的冷却系统能耗（近似以冷站能耗加列间空调能耗为冷却系统能耗，未计算新风系统和补水泵等）为 784.23kWh，$GCOP_s$ 为 6.41。

考虑到计算中仅考虑了冷冻站主设备（4 套，分别为冷水主机、冷水泵、冷却水泵、冷却塔）和末端空调（312 台冷水型微模块列间空调），并未计量冷冻站附属设备（冷却水处理设施、定压补水系统、补水泵）、UPS 带载部分（群控、冷水主机油泵、控制屏、电动阀、DDC）、高低压配电室空调（14 台，其中 4 台风冷型，10 台冷水型）、传输机房空调（6 台，其中 4 台冷水型主用，2 台双冷源型备用）、除湿机（18 台）。

根据之前的记录数据，这些设备的月度用电量为冷却系统总用电量的 0.25% ～ 0.62%。因此，对计算结果影响不大。

图 7.1-19 列间空调用电量测点（序号 1-6 是空调交流侧用电）

7.1.4 数据中心冷却效率较高的原因分析

1. 单个微模块的负载率高

由于该数据中心的单个微模块负载率高，使得单个微模块的设备使用率高，从而提高了末端列间空调的效率。

由于单柜负载率高，使得单柜服务器出风温度高，进一步增大了温差，提高了列间空调送回风温差、冷水温差，从而提高了风系统和水系统的输配效率。

2. 水管设计阻力较低

该数据中心设计冷水泵、冷却水泵均为 4 台，实际在整个数据中心 IT 负载达到设计值 68％的条件下，开启了 2 台冷水泵和 2 台冷却水泵，管道阻力低，水泵通过变频大幅度降低能耗。

3. 冷却塔运维较好

该数据中心冷却塔运维细致，在冷却水泵变频的条件下，多开 50％的冷却塔，使得每台冷却塔的冷却水量仅为额定的 40％。现场查勘时未发现飘水、溅落、水柱、填料变干等布水问题。且冷却水清澈无垢、无藻、无泡沫。在冷却水泵开启 2 台的条件下，冷却塔开启了 3 台，并频率均控制在 50Hz。使得冷却水逼近度很小，部分提高了冷机能效。

4. 回风温度高

一般数据中心送风温度在 22℃左右时，回风往往在 27～30℃之间，很少有回风温度达到甚至超过 40℃。大幅度提升回风温度，在长江流域及北方地区具有重要意义，可大幅度提高冷水回水温度，从而直接利用冷却塔供冷或承担大部分冷负荷。

5. 近端供冷

采用列间空调送风的送风距离近，在同样的冷量条件下，利用水系统送冷量的能耗较风系统低，实现了末端系统的节能。

7.2　上海风冷地板下送风数据中心实测数据及分析

7.2.1　数据中心情况简介

该数据中心为 3 层建筑，每层都设有数据机房。总体建筑面积为 9000m²，地上建筑面积为 9000m²，其中数据机房面积为 4370m²。

本次主要对该数据中心三层机房的温度场、气流组织情况进行分析研究。该机房长 39m、宽 12m、高 3.7m，机房总面积 468m²，机房高架地板高度为 36cm，采用开孔地板及机柜底部下送风设计，如图 7.2-1 所示。

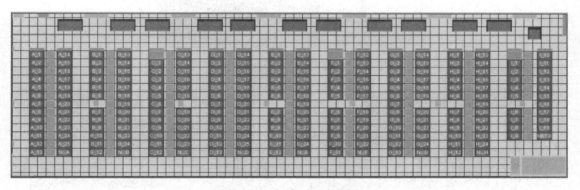

图 7.2-1　机房平面布局图

该机房内共 219 个 IT 机柜；根据现场测量情况，IT 设备运行总功率约为 137kW；根据现场测量、理论计算及软件分析，IT 设备需求总风量约为 68700m³/h。

机房共安装并运行有 12 台下送风风冷带压缩机的精密空调，设定回风温度在 21～24℃之间，理论上可提供名义总显冷量约 860kW，总风量约 239900m³/h。

7.2.2　现场温度分布测试及分析

1. 现场测试数据及发现的问题

本次测试对该机房进行了 IT 设备计量和空调能耗计量。IT 设备日均用电量为 3108.65kWh。10 月下旬测试期间空调日均用电量为 3372.9kWh。

利用温度传感器对机房的 IT 机柜进风温度及空调回风温度进行传感器布局。每个服务器机柜进风侧沿高度方向布置 3 个温度传感器（高度分别为 0.2m，1m，1.8m），温度传感器布置图及安装示意图如图 7.2-2 所示。

测量得到各机柜设备入口温度分布统计，如图 7.2-3、图 7.2-4 所示。

从测量结果统计可以看出，机房内不同区域的设备入口温差较大，部分区域存在过度冷却现象，导致空调冷量浪费。同时，冷热通道间存在冷热气流混合现象，导致部分设备进风温度接近机房环境温度，个别设备的进风温度受到其他设备散热气流的影响，使其进风温度超过了 27℃，最高达 28.1℃。

图 7.2-2　机柜进风侧温度传感器照片

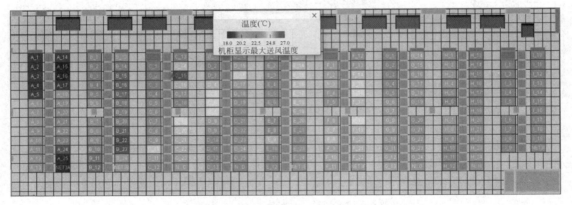

图 7.2-3　机房机柜设备入口温度分布

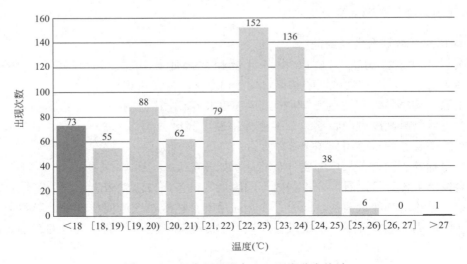

图 7.2-4　机房机柜设备入口温度分布统计

由于该机房高架地板高度较低（仅为 36cm），如图 7.2-5 中线框区域所示，使得地板下气流流速较高，分布不均，造成地板出风量差异较大，部分区域（靠近空调处）地板出风量很小。

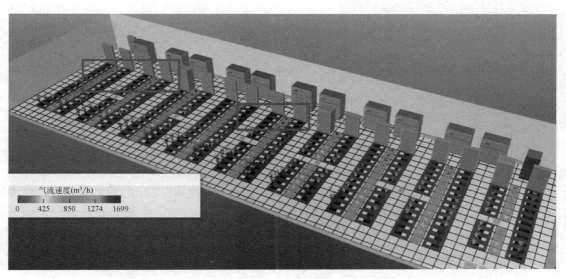

图 7.2-5　机房开孔地板出风量分布图

现场核查发现该机房主要存在以下几个问题：

（1）所有机柜底部从建设期间至今均无底板封闭（见图 7.2-6），导致大量冷风外漏，造成冷量的浪费。

（2）机房部分机柜内未充分进行冷热侧气流隔绝，如图 7.2-7 所示。

图 7.2-6　机柜底部出风口未封闭

图 7.2-7　机柜内冷热侧未充分隔绝

133

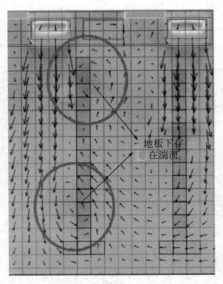

图 7.2-8　地板下湍流现象

2. 进一步分析

针对本机房，菲尼克斯（上海）环境控制技术有限公司通过 Phoenix CFD 软件对其进行了专业分析。结合测量的环境温度、风量、功率能耗和制冷系统数据，利用 Phoenix CFD 软件对其进行了专业分析。

利用软件建模分析后发现地板下存在湍流现象（见图 7.2-8），形成气流漩涡对撞，导致冷风风量损失。

同时，通过对机房气流组织的 CFD 模拟发现，冷、热侧未进行良好隔断导致机房内冷气流短路，如图 7.2-9 所示。

设计和安装时全覆盖安装了地板送风孔板，导致机房地板送风配置不合理。由图 7.2-10 可知，机房内很多无负载机柜前仍有冷风，造成大量冷量浪费。

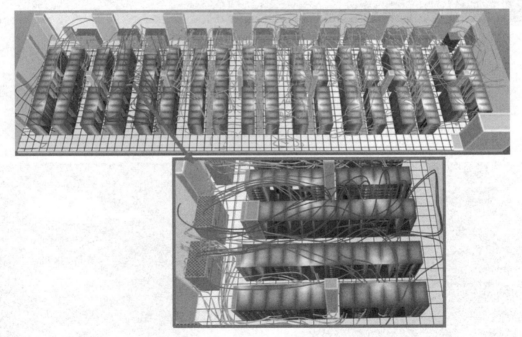

图 7.2-9　冷热侧未充分隔绝造成冷气流短路

7.2.3　针对机房温度场、气流组织问题的调整措施及效果

为了解决上述问题，采用了一些技术措施对机房进行了调整，主要包括优化气流组织、调整部署开孔地板、设置导流板、密封机柜下部出风口、隔离冷热气流混流，以及通过不同空调的启停组合逐步调整空调的设置。并且针对调整前后机房气流组织情况进行对比分析。

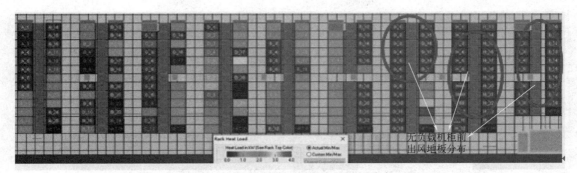

图 7.2-10　无负载机柜及开孔地板分布

注：图中机柜内颜色表示负载，机柜上有叉号表示未启用。

1. 地板下气流组织调整

在该机房的 12 个位置处增加地板下气流平衡条，来调节地板下气流分布，防止出现湍流现象。其中气流平衡条的安装位置如图 7.2-11 中带编号的白色线条所示，图 7.2-12 为气流平衡条安装后的实物图。

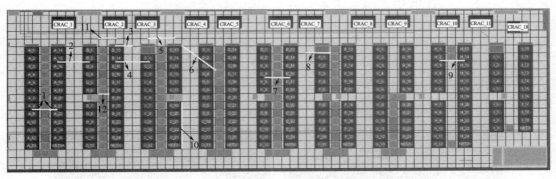

图 7.2-11　气流平衡条安装位置

通过安装气流平衡条前后地板下流场分布模拟发现，安装气流平衡条后地板下气流流场湍流现象消失，也不再存在气流漩涡对撞现象（见图 7.2-13）。

图 7.2-12　气流平衡条安装实物图

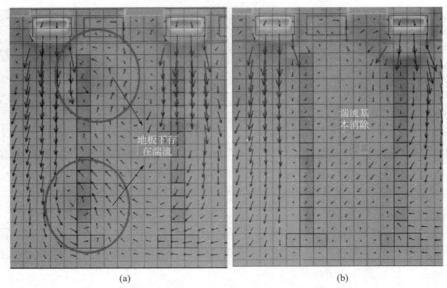

图 7.2-13　安装气流平衡条前后地板下流场对比

（a）安装气流平衡条前地板下流场；（b）安装气流平衡条后地板下流场

2. 地板上气流组织调整

（1）封闭机柜底部出风口

该机房各 IT 机柜底部均存在出风口，会造成大量的冷量浪费，应对各 IT 机柜底部出风口进行封堵，机柜封堵前后效果如图 7.2-14 所示，共对 219 个机柜底部进行了封堵。

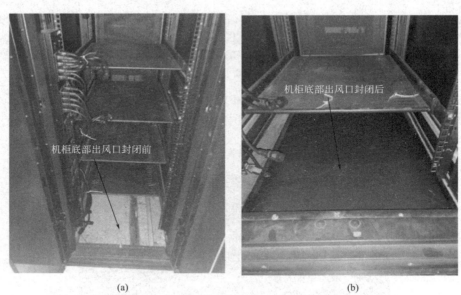

图 7.2-14　柜底部出风口封闭前后效果示意图

（a）封闭前；（b）封闭后

（2）机柜内冷热侧气流隔绝

该机房部分 IT 机柜内未充分进行冷热侧气流隔绝，造成冷量泄漏，需对空档处进行冷热气流隔绝，冷热气流隔绝前后效果如图 7.2-15 所示。

由于该机房冷通道未封闭，部分无负载机柜同样需要冷热气流隔绝，以稳定冷通道气流组织。机柜冷热气流隔绝前后气流组织效果如图 7.2-16 所示。

(a)   (b)

图 7.2-15   机柜盲板封闭前后效果图

（a）封闭前；（b）封闭后

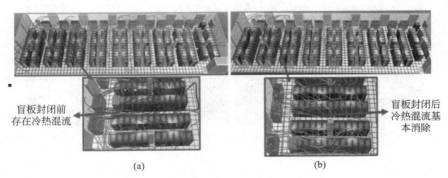

盲板封闭前存在冷热混流   盲板封闭后冷热混流基本消除

(a)   (b)

图 7.2-16   盲板封闭前后机房气流组织对比图

（a）封闭前；（b）封闭后

（3）调整机房地板布局

根据 IT 设备实际所需风量，依照 CFD 气流组织优化模型计算给出的机房开孔地板布局，对出风地板进行优化配置。增设了 600mm×600mm 的 42％ 开孔地板、600mm×600mm 的 22％ 开孔地板、600mm×600mm 非开孔地板以及部分非标切割地板。调整前后地板布局对比图如图 7.2-17～图 7.2-19 所示。

7.2.4   数据中心测试及分析解决总结

1. 所采用的风冷精密空调相对水冷系统能效较低

该数据中心采用的是常规的风冷精密空调，能效较低，且地板高度为 40cm，比较狭

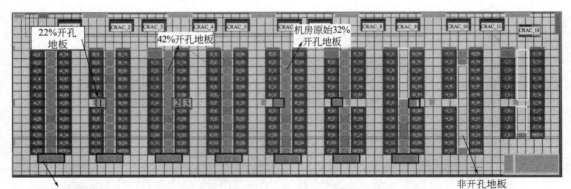

图 7.2-17　机房地板位置调整示意图

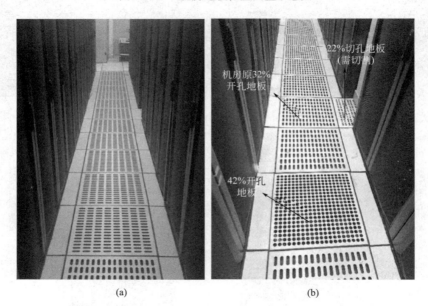

图 7.2-18　开孔地板调整前后布局图
（a）调整前；（b）调整后

图 7.2-19　开孔地板调整前后地板出风量对比
（a）调整前；（b）调整后

窄，风侧输配能耗较高。从长期监测数据看，整个数据中心冷却系统效率都较低（见图7.2-20）。本次分析的机房的能效为全楼内相对较差的。

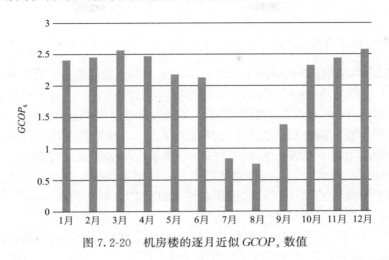

图 7.2-20　机房楼的逐月近似 $GCOP_s$ 数值

2. 机架布置和负载率不佳

该数据中心的机架布置不满，大量机架空置。且已上架的机架的功率也不高，机架内空余地方较多。大多数机架负荷不大（即 2kW 左右）。

3. 气流组织未优化

本节已经分析并改善了这个问题。调整后，机房的逐日 $GCOP_s$ 从 10 月底的 0.926 提升到了 11 月初的 1.363（见图 7.2-21）。

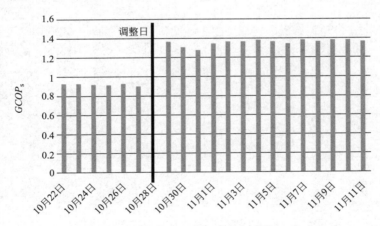

图 7.2-21　调整前后逐日机房冷却系统 $GCOP_s$

但机房整体仍然未实现冷通道封闭，气流组织还有改善空间。

4. 未采用免费冷源利用措施

上海地区冬季部分时间温度较低，可部分利用室外免费冷源，但仅进行设备改造的整体投资收益率不高，若结合设备寿命到期的正常更换则可行。

7.3　上海水冷地板送风冷通道封闭数据中心测试及分析

7.3.1　数据中心情况介绍

该 IDC 数据中心总体建筑面积为 32420m², 高 35m, 建筑分为 1 号楼和 2 号楼, 其中 1 号楼共 5 层, 一层与四层拥有 6 间数据机房与对应电力室等, 二层、三层和五层主要功能为办公、监控等, 2 号楼三层为数据机房, 其余为设备房与办公室。

由于该数据中心自动控制系统建设时存在工作交接不规范等问题, 导致监测数据与对应的计量点位数据大量不一致, 无法对冷站及冷水、冷却水输配进行细化分析。且测试受到疫情影响, 还在协调沟通。后续将对此数据中心冷却系统的免费冷源利用不足、输配效率较低、待机系统能耗较高等问题进行针对性测试分析。本次主要对该数据中心 4-3IDC 机房的温度场、气流组织情况进行分析研究。

该机房长约 36m, 宽约 22m, 面积约 768.5m²（含两侧空调间）, 层高 3.7m, 高架地板高度为 67cm, 采用高架地板送风结合封闭冷通道设计。

机房内共 265 台 IT 设备机柜, 其中 255 台运行; 机柜内为服务器、存储和网络设备（见图 7.3-1）。据现场测量, 运行 IT 设备总功率约为 880kW。根据理论计算及 CFD 软件分析, IT 设备总需求风量约为 203000m³/h。

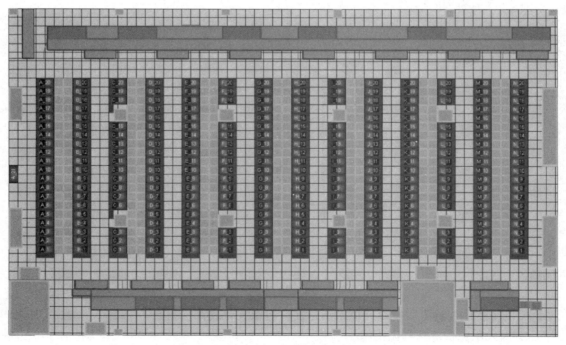

图 7.3-1　机房平面图

机房内共有 12 台艾默生 P3110DH13F 型下送风双冷源精密空调, 全部处于运行状态, 名义总制冷量为 1418.4kW, 名义总风量为 287280m³/h。另有 4 台 JS-020-D 型湿膜加湿机，全部处于待机状态。

据现场测量，机房 IT 设备日平均能耗为 21740.83kWh，9 月上旬机房空调末端日平均能耗为 2743.06kWh。

7.3.2　机房温度场、气流组织测试分析

利用温度探头对机房各机柜的进出风温度进行了测试分析，如图 7.3-2 所示。

图 7.3-2　机柜进风侧温度传感器实物图

运行机柜 IT 设备入口温度分布如图 7.3-3 所示。可以看出，机柜内 IT 设备入口温度范围为 10.8～24.99℃，温差达到 14.19℃，温差较大。超过半数的设备入口温度低于 18℃，最低达 10.8℃，部分区域存在过度制冷现象（见图 7.3-4），具体数据如下：

(1) 热点（入口温度＞27℃）：0 个；

(2) 冷点（入口温度＜18℃）：422 个；

(3) 入口温度最大值：24.99℃；

(4) 入口温度最小值：10.8℃；

(5) 入口温度平均值：17.76℃。

经统计，机柜冷却指数为：

$$RCI_{HI} = \left[1 - \frac{\sum (T_x - T_{max-rec})_{T_x > T_{max-rec}}}{(T_{max-all} - T_{max-rec}) \times N} \right] \times 100\% = 100\%$$

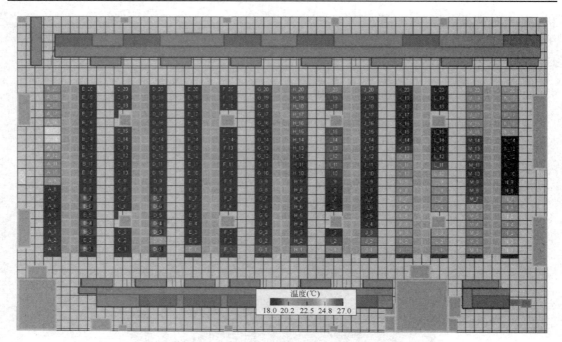

图 7.3-3　机柜 IT 设备入口温度分布

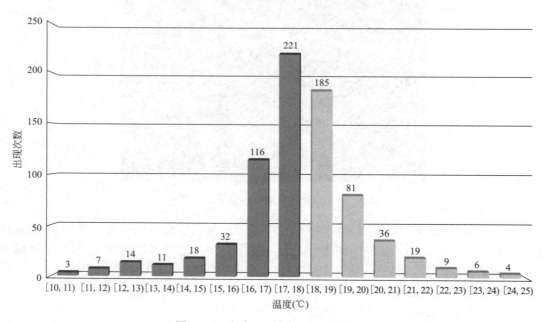

图 7.3-4　机柜 IT 设备入口温度统计

$$RCI_{LO} = \left[1 - \frac{\sum (T_{\min-rec} - T_x)_{T_x < T_{\min-rec}}}{(T_{\min-rec} - T_{\min-all}) \times N} \right] \times 100\% = 18.4\%$$

式中　T_x——IT 设备入口温度，℃；

$T_{\max-rec}$——最高建议温度，25℃；

$T_{\max-all}$——最高允许温度，27℃；

　　　　　N——实测 IT 设备入口数；

　　$T_{\text{min-rec}}$——最低建议温度，20℃；

　　$T_{\text{min-all}}$——最低允许温度，18℃。

　　RCI_{HI} 和 RCI_{LO} 分别表示 IT 设备入口温度过热和过冷的程度，这个值越高表示越多的 IT 设备处于标准推荐温度范围内，96% 以上为良好，91%～95% 为可接受，90% 以下为差。由上述数据可知，该机房的部分 IT 设备入口温度存在过冷现象。

　　通过对空调回风口进行网格区域划分并测量汇总，从而获取每个运行中空调的循环风量，如图 7.3-5 所示。

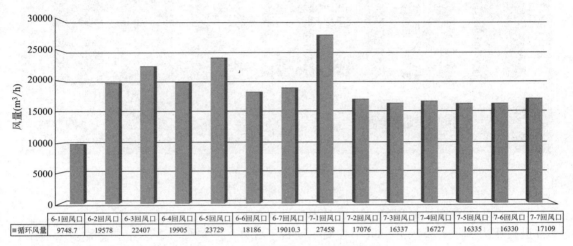

	6-1回风口	6-2回风口	6-3回风口	6-4回风口	6-5回风口	6-6回风口	6-7回风口	7-1回风口	7-2回风口	7-3回风口	7-4回风口	7-5回风口	7-6回风口	7-7回风口
▪循环风量	9748.7	19578	22407	19905	23729	18186	19010.3	27458	17076	16337	16727	16335	16330	17109

图 7.3-5　空调回风口风量测量结果

　　从图 7.3-5 可以看出，12 台运行中的空调总的实测循环风量为 259936m³/h；根据现场实测并结合 CFD 模拟，IT 设备总需求风量约为 203000m³/h，空调送风效率为：

$$ASE = \frac{V_{\text{rack-in}}}{V_{\text{acu-supply}}} = 78.1\%$$

式中　　$V_{\text{rack-in}}$——空调送风直接用于冷却机柜 IT 设备的风量；

　　$V_{\text{acu-supply}}$——空调总循环风量。

　　ASE 表示空调所送的冷空气中直接用于冷却 IT 设备的风量占总送风量的比值，这个值越大表示冷空气利用率越高。该项目 ASE 值为 78.1%，表明冷空气利用效率不高。

7.3.3　存在的问题分析

　　结合实地勘察和 CFD 模拟分析，发现该机房气流组织存在的主要问题有：

　　(1) 运行空调名义可提供的制冷量大于 IT 设备需求。目前机房在用 IT 设备总功率为 880kW，总需求风量约为 203000m³/h。而 12 台运行空调的名义总制冷量为 1418.4kW，名义总风量为 287280m³/h，均大于在用 IT 设备的散热需求，机房冷空气利用率较低。

　　(2) 如图 7.3-6 所示，部分靠近空调的地板下方气流流速较高，导致出现负压 (即图中箭头所指区域)，送风地板发生倒吸风现象。另外，存在地板开孔率设置与机柜负载不匹配的情况。

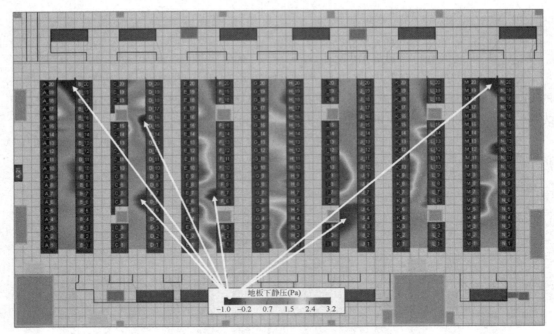

图 7.3-6　机房开孔地板下静压分布

注：箭头所指区域表示低压区域。

（3）地板下存在湍流现象。通过对现场送风地板下方进行压力测量，发现静压极不均衡，地板下存在湍流现象，导致地板出风量差异较大，部分地板出风量较小，无法为前方机柜内 IT 设备提供足够的冷量，容易形成热点（见图 7.3-7、图 7.3-8）。经 CFD 软件仿真计算，也证实了湍流现象的存在。

（4）机柜内部存在冷热空气混流。现场勘察发现部分机柜未进行冷热气流隔绝，易导致冷空气经机柜空档处直接流至机房环境，部分冷空气未被用于冷却 IT 设备（见图 7.3-9）；同时也会造成热气流经机柜空档处倒流至机柜进风侧，影响 IT 设备散热效果，造成环境控制风险（见图 7.3-10）。

（5）部分无负载机柜及立柱前方仍然设置开孔地板，造成不必要的冷量浪费；而部分运行机柜前方的开孔地板则处于关闭状态，如图 7.3-11 所示。

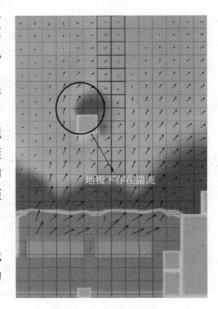

图 7.3-7　地板下湍流现象

7.3.4　采取的优化措施

根据 ASHRAE 2011 TC9.9《数据中心环境散热指南》及《数据中心设计规范》GB 50174-2017 的要求，冷通道或机柜进风区域的温度应控制在 18～27℃。本方案结合客户需求及设备运行的可靠性、经济性和使用寿命等方面，将机柜进风区域温度控制在 25℃以下，空调回风温度控制在 28℃以下。

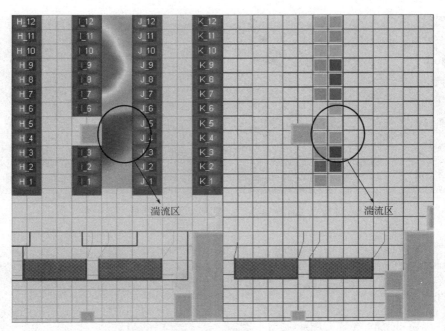

图 7.3-8　湍流导致开孔地板下低静压（左图）和低出风量（右图）

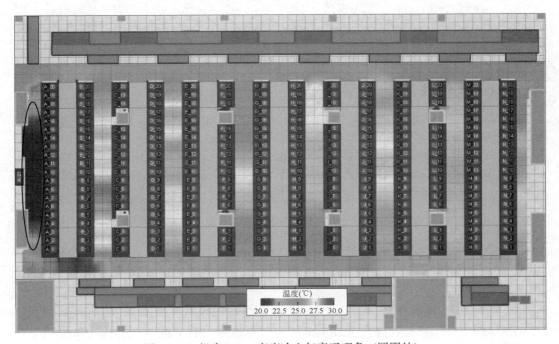

图 7.3-9　机房 0.5m 高度冷空气旁通现象（圆圈处）

　　根据该机房的 CFD 模拟结果，通过优化气流组织、调整送风地板开孔率、设置导流装置、隔离冷热气流混流，以及不同空调的风机风速组合，逐步调整空调的设置，以实时测量、实时校正、持续维护的方式，最终实现气流组织的优化并达到降低能耗的目的。

图 7.3-10　AB冷通道冷空气进入热通道造成冷量浪费

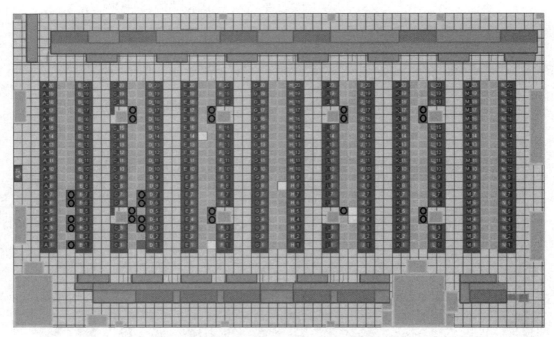

图 7.3-11　无负载机柜及立柱前方开孔地板分布（图上画●的地板）

（1）合理调整送风地板开孔率。根据CFD软件模拟计算结果，调整送风地板出风量，以满足不同机柜的降温需求。调整前的实测风量数据和调整后的 CFD 模拟风量效果对比如图 7.3-12 所示。

（2）根据 CFD 模拟计算结果，调整机房开孔地板出风量。如图 7.3-13 所示，各通道红色地板（图上标○）的百叶角度调至全闭，黄色地板（图上标△）的百叶角度调全开，其余地板百叶按照 CFD 模拟计算确定其出风角度并实施。

（3）增设地板下气流平衡条。根据 CFD 模拟计算结果，在地板下部分区域放置导流装置。通过图 7.3-14 对比可以看出，地板下导流装置能有效防止湍流现象，使气流组织更有序，将冷空气送到指定区域，从而消除机柜底部出风口风量波动和风量不均现象，同

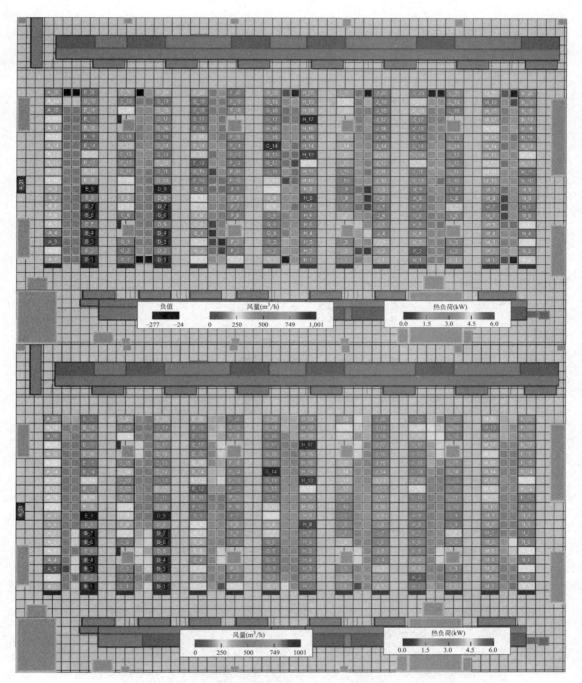

图 7.3-12　送风地板开孔率调整前（上）和调整后（下）出风量

时也可减少特定区域的温度不均匀现象，避免通过加大空调风量消除热点的做法，有效降低能耗。

（4）如图 7.3-15 中白色粗虚线所示，按照 CFD 模拟计算结果，在本机房图中 10 个位置处增加地板下气流平衡条，调节地板下气流分布，安装实物图如图 7.3-16 所示。

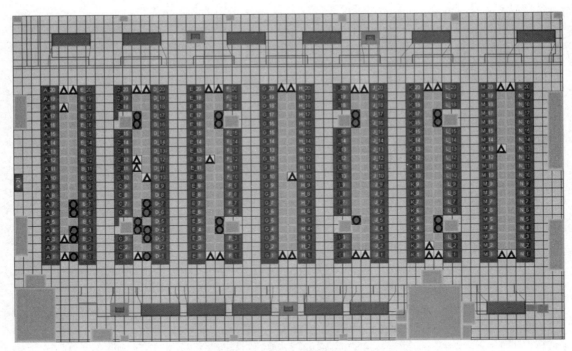

图 7.3-13　机房地板调整示意图

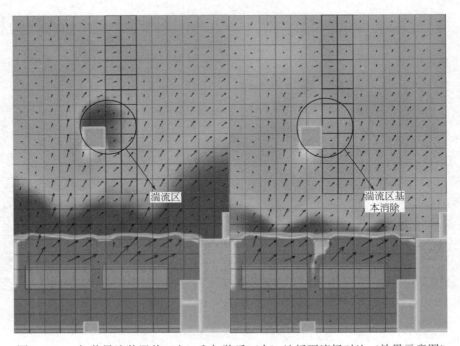

图 7.3-14　加装导流装置前（左）和加装后（右）地板下流场对比（效果示意图）

（5）冷热气流混流的优化调整。如图 7.3-17、图 7.3-18 所示，经 CFD 模拟计算，通过增设机柜盲板对冷热气流进行隔绝，有助于防止冷气流未经机柜换热直接漏到热通道

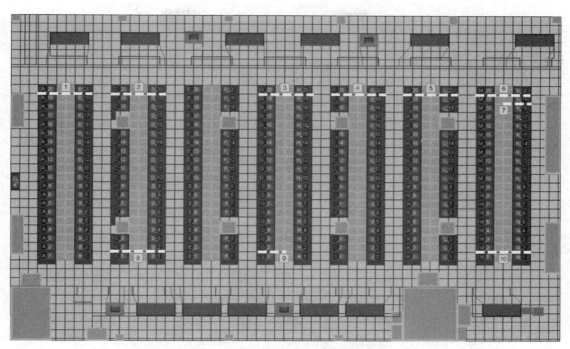

图 7.3-15　气流平衡条安装位置示意图

图 7.3-16　导流装置安装实物图

中，基本消除冷热混流的现象，从而提高空调风量和冷量的利用率。

（6）该机房部分 IT 机柜服务器之间存在部分空档，造成冷量泄漏，需对空档处进行盲板或绝缘片封闭，如图 7.3-19 所示。

（7）封堵机房漏风点位。对机柜未封堵的过线孔进行封闭，如图 7.3-20 所示。

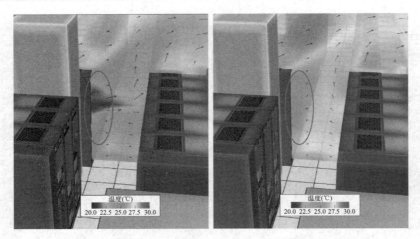

图 7.3-17　冷热气流隔绝前（左）和隔绝后（右）热通道云图

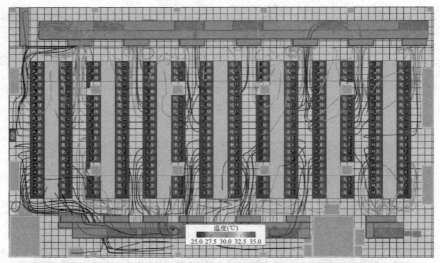

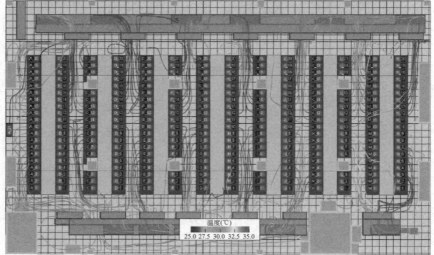

图 7.3-18　冷热气流隔绝前（上）和隔绝后（下）机房流线图

图 7.3-19　经盲板封闭（左）和绝缘片封闭（右）
后的机柜实物图

图 7.3-20　机柜底部过线孔
封堵实物图

7.3.5　优化效果

优化后缓解了部分机柜 IT 设备入口温度过低的现象，考虑到空调回风温度限制要求为不高于 28℃，将机柜冷却指数适当提升至 58.2%，空调送风效率最高达到 88.8%，在保证机柜进风区域温度满足要求的前提下，对气流通路进行优化调整，机柜进风量更加均衡，在满足运营要求的同时，达到提升空调运行能效的目的（见表 7.3-1）。

优化前后的参数比较　　　　　　　　　　　　　　　表 7.3-1

	优化前	优化后（模拟结果）
RCI_{HI}	100%	100%
RCI_{LO}	18.4%	58.2%
ASE	78.1%	88.8%

图 7.3-21 所示是采用此优化方案时 XY 截面的温度云图，实际运行过程中各机柜进风区域最高温度均可控制在 25℃ 以下，各空调实测最高回风温度均在 28℃ 以下，符合现场的要求（见图 7.3-22）。其他空调方案也均进行了实际运行的验证，运行过程中各项温度指标均可控制在要求的范围以内。

7.3.6　数据中心测试及分析总结

1. 所采用的地板送风方式的能效还有提升空间

该数据中心采用的是地板送风的冷通道封闭方式，为当前较为主流的技术路线。其初期测试时的 $GCOP_1$ 为 7.926，若按单机柜功率计算，此机房的单机柜功率为 3.55kW，与第 7.1 节的同等单机柜功率的 $GCOP_1$ 的数值（10~17）相比，此数值较低。

分析其原因：该机房的机柜进风温度主要分布在 16~20℃，最低甚至为 11℃，因此，空调出风温度必然接近 11~15℃，但空调回风温度在 28℃ 以下，因此空调送回风温差在 13~17℃ 之间。与第 7.1 节的列间空调的温差 18~20℃ 相比，温差略小，气流输配距离较

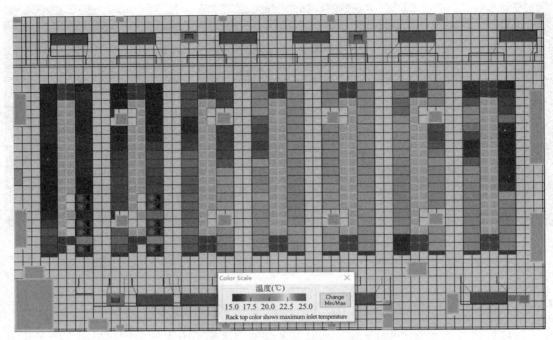

图 7.3-21 方案 1 情况下 XY 截面温度云图

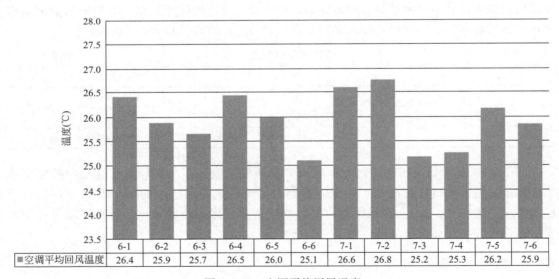

	6-1	6-2	6-3	6-4	6-5	6-6	7-1	7-2	7-3	7-4	7-5	7-6
■空调平均回风温度	26.4	25.9	25.7	26.5	26.0	25.1	26.6	26.8	25.2	25.3	26.2	25.9

图 7.3-22 空调平均回风温度

长，且气流组织优化不足，因此风机能耗较高。

2. 气流组织未优化

本节已经分析并改善了这个问题。调整后，$GCOP_1$ 从之前的 8 左右提升到了 11.7，如图 7.3-23 所示。

3. 未合理采用免费冷源利用措施

本次测试虽然未对冷站进行测试分析，但通过现场踏勘等方式，发现了免费冷源利用不足、冷却塔供水温度较高等问题，需要后续进一步测试分析。

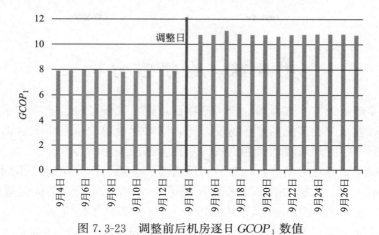

图 7.3-23　调整前后机房逐日 $GCOP_1$ 数值

第8章 经济性分析

数据中心冷却系统方案选择需综合考虑项目规模、气候条件、业主需求等因素，当前形势下，各地对数据中心节能的要求越发严苛，同时建设单位也有降低后期运营成本的强烈需求，故数据中心冷却系统的节能已成为全社会共同关注的热点。

数据中心按照服务对象来分，一般分为运营商、金融、政企类等，不同建设单位对其可靠性要求也不一样，按照《数据中心设计规范》GB 50174—2017 设计规范建设等级可分为 A、B、C 级，按照 Uptime 认证体系可分为 T1、T2、T3、T4。

数据中心冷却系统不管是从节能性还是从其建设等级来看，最终都要落实到社会投资层面，故数据中心冷却系统的各项指标：节能性、建设等级（可靠性）、投资（经济性）等相互影响，单一追求某一个指标时势必会影响其他指标。

同时，在同一冷却系统架构的基础上，各工程落地方案会根据需求有不同的设备配置、管路设置、阀门原则、管路处理等。这些设计细节的工程个性化较强、往往受建筑布局等其他因素影响、不易产生普遍规律，且不会对投资造成非常大的影响；冷却系统设备品牌的选取虽然会对投资造成较大影响，但往往与业主的个性化需求强相关，亦无普遍规律。故本章经济性分析不对此展开分析，抓住对工程经济性影响可对比的两个最主要因素——建设等级差异和节能性要求展开分析。

本章尝试剖析几个典型的中大型数据中心案例的冷却系统投资构成，以了解建设等级（可靠性）、节能性对投资经济性的影响。

8.1 常规冗余级系统的水冷＋板换系统工程案例

本节选取某常规水冷＋板换系统工程为基准案例，建设等级为冗余级，未采用高投资的额外节能措施追求极低 *PUE*。

8.1.1 项目概况

西南地区某运营商数据中心，建筑面积约 21000m²，装机约 3400 架，规划单机架功耗 4～6kW，按照国家标准 A 级设计。

8.1.2 冷却系统分析

该项目采用水冷集中式空调系统，为充分利用自然冷源，冷源采用高压离心式冷水机组＋板式换热器＋冷却塔供冷。冷水供/回水温度为 14℃/19℃，配置 2500RT（约 8925kW）高压离心式冷水机组 3 台，与另一栋机房楼共用 1 套冷源系统，共配置 6 台冷水机组，5 主 1 备。数据中心主机房采用冷水型列间空调，封闭热通道。

图 8.1-1、图 8.1-2 给出了该项目空调冷源系统、末端系统示意图。

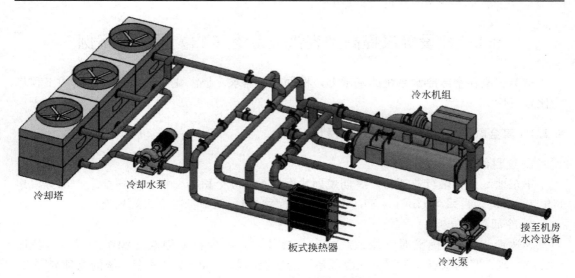

图 8.1-1　空调冷源系统示意图

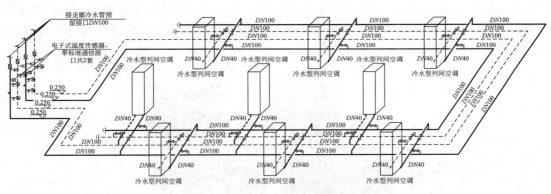

图 8.1-2　空调末端管路轴侧图

8.1.3　投资估算

该工程的投资估算见表 8.1-1，其中冷源系统包括制冷机房内所有制冷系统、输配系统、主管道系统等；末端系统包括空调末端设备及相关管路系统等。

单栋机房楼冷却投资分析　　　　　　　　　　　　　　　　　表 8.1-1

类别	数值
冷源系统投资（万元）	3920
末端系统投资（万元）	5141
单位功耗总投资（元/kW）	5120
单位功耗冷源投资（元/kW）	2215
单位功耗末端投资（元/kW）	2905

注：1. 单位功耗投资以 IT 设备功耗为基数估算。

　　2. 建设标准、设备品牌影响投资价格。

　　3. 该项目采用了列间空调末端，投资较常规房间级空调末端略大。

8.2 建设等级提高到容错级系统（T4）的工程案例

本节选取在水冷冷水系统的基础上，根据建设需求，提高建设等级到容错级的工程作为比较案例。

8.2.1 某金融行业项目投资经济性分析

1. 项目概况

华东地区某金融行业项目，终期规划建设约 10000 个机柜。根据客户要求，部分机房（约 500 个机柜）采用 Uptime Tier IV（以下简称 T4）认证标准进行规划设计。

2. 冷却系统分析

为达到 T4 认证标准对空调系统的安全性要求，该项目采用双冷源系统设计（见图 8.2-1）。该方案的难点在于解决双冷源系统的切换问题，同时实现两套系统的物理分隔。

为实现上述目标，设计采用水冷冷水系统＋热管压缩制冷主机系统的叠加方案。水冷冷水系统的冷水不进机房，末端设置水氟换热器，通过双盘管热管背板的一组盘管带走机柜热量。热管压缩制冷系统接入热管背板另一套盘管。两套系统的管路、阀门各自独立，冷量均可满足 IT 设备散热需求。

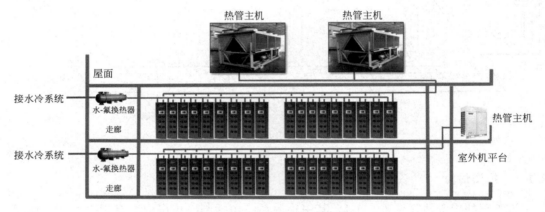

图 8.2-1 双冷源系统示意图

3. 投资估算

影响该项目空调系统投资变化的主要原因是在水冷系统上叠加了 1 套热管压缩制冷系统。投资估算见表 8.2-1。

水冷＋热管压缩主机双冷源系统投资分析　　　　　　　表 8.2-1

类别	数值
水冷冷源系统投资(万元)	718
热管压缩制冷系统投资(万元)	813
末端系统投资(万元)	680
单机架投资增量(万元/机架)	1.67

续表

类别	数值
单位功耗投资增量(万元/kW)	0.283
单机柜/单位功耗投资增幅	58.15%

注：1. 单位功耗投资以 IT 设备功耗为基数估算。

2. 建设标准、设备品牌影响投资价格。

3. 表中热管压缩制冷系统投资为满足 T4 认证标准所增加的投资。

4. 表中水冷冷源系统投资为按照该 T4 等级机房机柜数占比折算后的数值。

通过分析可知，该空调方案配置下，为满足 T4 认证标准对空调系统的要求，空调冷源系统单机柜投资和单位功耗投资有显著上升，投资增幅为 58.15%。

8.2.2　某企业信息中心项目工程投资经济性分析

1. 项目概况

某企业信息中心项目位于华北地区。规划 2 栋数据机房，按照 T4 认证标准设计。单栋楼规划约 3200 个机柜，单机柜功耗约 5kW。

2. 冷却系统分析

制冷系统采用 2N 冗余设计。A 路冷源采用水冷冷水系统，并设置冷却塔自然冷却系统。冷却塔按极端最高湿球温度 30.9℃ 选型，冷却水进/出水温度按 39.5℃/33.5℃ 设计。并校核冬季冷却塔运行在湿球温度 6℃、进/出水温度 15℃/10℃ 时的参数。水冷式冷水机组的冷水供/回水温度按 12℃/18℃ 设计，以降低冷水机组能耗且延长自然冷却使用时间。B 路冷源采用带自然冷却功能的风冷冷水系统。风冷冷水机组按极端最高干球温度 41.6℃ 选型。风冷冷水机组的冷水供/回水温度按 12℃/18℃ 设计。

自然冷却系统 A 路水冷式冷水系统采用板式换热器与冷水机组串联运行的方式，充分利用自然冷却，B 路风冷式冷水系统自带自然冷却功能。在过渡季节以及冬季室外温度较低的情况下，不开启冷水机组或降低冷水机组负荷，减少机械制冷运行时间，达到节能运行的目的。

3. 投资估算

影响该项目空调系统投资变化的主要原因是在水冷系统上另外配置一套风冷冷水系统。对该系统的投资分析如表 8.2-2 所示。

水冷十风冷双冷源系统投资分析　　　　　　　　　　　　表 8.2-2

类别	数值
水冷系统投资(万元)	3850
风冷系统投资(万元)	4297
末端系统投资(万元)	3722
单机架投资增量(万元/机架)	1.33
单位功耗投资增量(万元/kW)	0.265
单机柜/单位功耗投资增幅	56.75%

注：1. 单位功耗投资以 IT 设备功耗为基数估算。

2. 建设标准、设备品牌影响投资价格。

3. 该表中风冷系统为满足 T4 标准所增加的投资。

通过分析可知，该空调方案配置下，为满足 T4 认证标准对空调系统的要求，空调冷源系统单机柜投资和单位功耗投资均有显著上升，投资增幅为 56.75％。

8.2.3 建设等级与空调系统投资分析

通过以上两个项目对比分析可知，为达到 T4 认证标准对空调系统配置的要求，一般需配置双冷源系统，或采用同种形式的冷源设备并按照 2N 或 2（N+1）配置。与同等类型传统水冷空调系统相比，冷却系统投资均有明显增加，一般增幅超过 50％。根据所选择的冷源形式不同，该数值可能略有差异，但总体增幅较大。

因此，数据中心项目在规划建设时，应结合项目实际情况综合考虑，可采用差异化竞争策略，适当提高机房建设等级，提升项目附加值，同时，也应遵循投资适度原则，避免盲目投资，影响项目财务评价指标。

8.3 追求更佳的节能性和极低 PUE 的工程案例

本节选取在水冷冷水系统的基础上，根据建设需求，在常规 PUE 标准的基础上追求更高的节能性，实现更低的 PUE，采用高投资的额外节能设备或措施的工程作为比较案例。

本节列举了华南地区在不同 PUE 值要求下的空调方案，结合具体案例分析其 $GCOP$（数据中心冷却系统全年平均综合 COP 指标）与投资的关系。华南地区大型数据中心空调系统基本采用水冷冷水空调系统，数据中心的节能是在保证其高可靠性的前提下实施的。故华南地区为满足当地 PUE 值要求，空调方案一般在水冷冷水空调方案的前提下，增加相应的节能措施来实现当地对节能要求。

8.3.1 案例一：运营商 A 数据中心项目

1. 项目概况

该项目位于华南地区，为运营商数据中心，建筑面积约为 $30000m^2$，共规划约 5400 个机柜，单机柜功率约 4kW。

2. 空调系统方案

该项目空调系统采用水冷冷水空调系统，冷源采用 4 台 5880kW 定频高压（10kV）离心式冷水机组作为主用冷源，配置 3 台制冷量为 2880kW 的定频离心式冷水机组和 1 台制冷量为 1400kW 的定频螺杆式冷水机组作为备用冷源，其中 1 台定频螺杆冷水机组在负荷较低时使用。该项目冷源配置如表 8.3-1 所示，制冷机房如图 8.3-1 所示。

某运营商空调系统冷源配置情况　　　　　　　　　　　　　表 8.3-1

分项	制冷量（kW）	台数（台）	主/备用	备注
定频离心式冷水机组	5880	4	主用	10kV 高压主机
定频离心式冷水机组	2880	3	备用	定频冷水机组
定频螺杆式冷水机组	1400	1	备用	负荷率低开启

图 8.3-1　某运营商数据中心制冷机房实景图

冷水供/回水温度为 7℃/12℃（设计时间较早，在 2010 年左右），输配系统采用一级泵变流量系统。主机房空调末端采用房间级空调，为地板下送风＋封闭冷通道的气流组织形式。电力电池室采用风柜，为上送风、侧回风的气流组织形式。

8.3.2　案例二：运营商 B 数据中心项目

1. 项目概况

该项目位于华南地区，建筑面积约 32000m²，规划约 4100 个机柜，单机柜功率约 5kW。制冷机房实景如图 8.3-2 所示。

图 8.3-2　某运营商数据中心制冷机房实景图

2. 空调系统方案

按照当地相关要求和项目需求，该项目设计年均 *PUE* 为 1.29。为满足上述要求，空调系统在满足可靠性和安全性的前提下，增加相应节能措施。

空调系统采用水冷冷水空调系统，配置 5 台制冷量为 3868kW 的变频离心式冷水主机（主用）及 2 台制冷量为 1934kW 的变频离心式冷水主机（备用），配套冷水泵、冷却水泵和冷却塔等装置。主机房空调末端采用列间空调形式，为水平送风＋封闭冷通道的气流组织形式。电力电池室采用风柜，采用上送风、侧回风的气流组织形式。

8.3.3 案例三：某金融数据中心项目

1. 项目概况

该项目位于华南地区，为金融行业数据中心，建筑面积约 11000m²，机柜数量约 1200 个，单机柜功耗约 6kW。

2. 空调系统方案

按照当地相关要求和项目需求，项目设计 *PUE* 为 1.249。为满足上述要求，该项目空调系统在满足可靠性和安全性的前提下，增加相应节能措施。

在大楼内部设置了两套独立的空调系统。系统一：水冷冷水空调系统，配置 5 台（4 主 1 备）550RT 磁悬浮冷水机组及对应冷水泵、冷却水泵、冷却塔。系统二：间接蒸发冷却空调系统，在标准层靠外墙侧设置 39 台制冷量为 170kW 的间接蒸发冷却空调机组（AHU）。系统一与系统二搭配耦合使用，两者有三种运行模式，可根据室外干球温度与湿球温度的变化情况切换运行，以满足机柜散热需求。主机房空调末端采用房间级空调，为地板下送风＋封闭冷通道的气流组织形式。电力电池室采用风柜，为上送风、侧回风的气流组织形式。

图 8.3-3、图 8.3-4 该项目空调系统实景图。

图 8.3-3　制冷机房实景图

图 8.3-4 本项目所采用的间接蒸发冷却空调机组（AHU）

8.3.4 *GCOP* 与空调系统投资分析

结合上述实际工程案例，分析数据中心冷却系统综合性能系数（*GCOP*）与空调系统投资之间的关系，为避免因项目规模对结果产生偏差，将单位冷量的空调系统投资与项目 *GCOP* 作为分析对象，其结果表 8.3-2 所示。

PUE 与空调系统投资之间的关系 表 8.3-2

分项	案例一（某运营商数据中心）	案例二（某运营商数据中心）	案例三（某金融数据中心）
冷却系统架构	冷源:定频离心式冷水机组；供/回水温度:7℃/12℃；末端:房间级空调	冷源:变频离心式冷水机组；供/回水温度:14℃/20℃；末端:列间空调	冷源:磁悬浮离心式冷水机组；供/回水温度:15℃/21℃；末端:房间级空调系统，＋间接蒸发冷却空调机组
冷却系统综合性能系数（*GCOP*）	3.79	4.86	5.57
设计时间	2010 年	2018 年	2019 年
空调系统投资	0.47 万元/kW	0.62 万元/kW	0.86 万元/kW

注：1. 单位功耗投资以 IT 设备功耗为基数估算。
2. 建设标准、设备品牌影响投资价格。

从以上数据可知，三个工程案例随着节能要求的逐步提高，逐个增加了节能措施，随之 *GCOP* 逐个降低，也使得系统投资逐个增加，如图 8.3-5 所示。

从节能角度分析，案例二、案例三采用的节能措施如下：

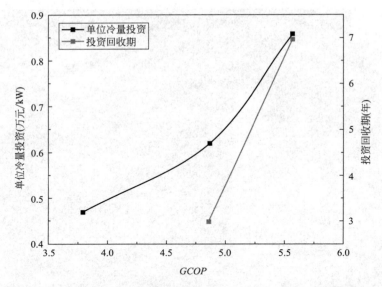

图 8.3-5　冷却系统单位冷量投资与综合性能系数（*GCOP*）之间的关系

　　案例二采用的节能措施有：第一，通过提高供水温度，提升制冷主机的运行效率，将冷水温度提升至 14℃，可使制冷主机运行效率提升 21％左右；第二，采用"大温差，小流量"技术，降低输配系统能耗，该项目供回水温差为 6℃，输配系统能耗降低约 18％。第三，采用列间空调形式，实现就近制冷，降低末端送风冷量损耗。通过以上节能措施，达到降低该项目空调系统能耗的目的。

　　案例三采用的节能措施有：第一，通过提高供水温度，提升制冷主机的运行效率，将冷水温度提升至 15℃，可使制冷主机运行效率提升 24％左右；第二，采用"大温差，小流量"技术，降低输配系统能耗，该项目供回水温差为 6℃，输配系统能耗降低约 18％。第三，采用风侧间接蒸发冷却技术，充分利用室外有限的自然冷源，减少制冷主机开启时间，该项目间接蒸发冷却空调机组（AHU）全年约 38％的时间可实现完全自然冷却，满足服务器散热需求。

　　从投资角度分析，案例二、案例三增加的相应投资如下：

　　从冷却设备投资角度，案例三的磁悬浮冷水机组比案例二的变频离心式冷水机组投资增加 20％～30％，案例二的变频离心式冷水机组比案例一的定频离心式冷水机组投资增加 20％～30％。案例二的列间空调投资是案例一、案例三的房间级空调投资的 1.5～2 倍。

　　从冷却系统投资角度，案例一、案例二为单套冷水机组冷却系统。案例三为双套系统，在冷水机组冷却系统的基础上增设了一套间接蒸发冷却空调系统（AHU），达到全年减少制冷主机开启时间以节能的目的，而且该项目具有特殊性，增设的间接蒸发冷却空调机组采用了进口设备，也推高了该系统的整体投资。

　　通过以上三个项目对比分析可知，在常规 *PUE* 标准的基础上追求更高的节能性的数据中心冷却系统，一般会因采用额外节能设备或措施造成投资的增加。因此，数据中心项目在规划建设时，应结合项目当地要求、节能需求、投资等因素综合考虑确定项目需求。

8.4　本章小结

本章通过三个维度、六个典型数据中心冷却系统工程案例，对影响数据中心冷却系统经济性的两个最主要需求因素——建设等级和节能性，进行了投资对比分析。

（1）数据中心冷却系统的建设具有特殊性，因其全年不间断冷却的要求，管路、阀门等辅助系统的投资较常规民用建筑占比大。且项目行业属性、建设需求、设备品牌等因素对投资均会有较大影响。

（2）建设等级提高到容错级系统后，冷却系统投资明显增加，一般增幅可超过 50%。追求更佳的节能性和极低 PUE，也会引起冷却系统投资增加。

（3）数据中心项目在规划建设时，应将投资经济性、建设等级、节能性以及其他因素综合考虑后，再确定建设需求。